# VHDL数字系统设计项目教程

- 主　编：龚兰芳　苏景军
- 副主编：向　丹　梁文祯　邵忠良
- 参　编：罗　欢　陈宇莹

华南理工大学出版社
SOUTH CHINA UNIVERSITY OF TECHNOLOGY PRESS

·广州·

图书在版编目(CIP)数据

VHDL 数字系统设计项目教程/龚兰芳,苏景军主编.—广州:华南理工大学出版社,2015.1

高等职业技术教育项目化教学系列教材

ISBN 978 – 7 – 5623 – 4536 – 7

Ⅰ.①V…  Ⅱ.①龚… ②苏…  Ⅲ.①VHDL 语言 – 程序设计 – 高等职业教育 – 教材
Ⅳ.①TP312

中国版本图书馆 CIP 数据核字(2015)第 017643 号

VHDL 数字系统设计项目教程

龚兰芳　苏景军　主编

出　版　人：韩中伟
出版发行：华南理工大学出版社
　　　　　(广州五山华南理工大学 17 号楼,邮编 510640)
　　　　　http://www. scutpress. com. cn　E-mail:scutc13@ scut. edu. cn
　　　　　营销部电话：020 – 87113487　87111048 （传真）
策划编辑：何小敏　黄丽谊
责任编辑：黄丽谊
印　刷　者：广州市怡升印刷有限公司
开　　　本：787mm×1092mm　1/16　印张：13.5　插页：2　字数：352 千
版　　　次：2015 年 1 月第 1 版　2015 年 1 月第 1 次印刷
印　　　数：1～1000 册
定　　　价：38.00 元

# 前　言

现代电子产品在性能提高、复杂程度增大的同时，价格却一直呈下降趋势，而且产品更新换代的步伐也越来越快，实现这种进步的主要因素是生产制造技术和电子设计技术的发展。电子设计技术发展的核心是电子设计自动化的发展，称其为现代电子技术。电子电路的设计不再是以传统的分立元件或集成芯片为主，而是将整个数字系统的硬件电路用程序（硬件描述语言）来设计，然后下载到CPLD/FPGA（可编程逻辑器件）上来硬件实现，也就是一种完全用户可自定义的芯片设计，使得电路的修改和升级像软件一样方便、快捷，它的出现是电子技术发展历史上的一次变革。本课程就是讲述这门技术的课程。

本书的主要特色与创新是："以实践为主导、以项目为载体、以学生为中心、以能力为考核点"。

- 以实践为主导，瞄准最新技术

按电子设计自动化技术当前的主流器件、新技术、新工具等为要求，全面提升教学标准，以满足企业需要，实现与岗位零距离。

典型CPLD器件的学习由MAX7000（淘汰器件，已停产，但目前仍为大部分学校教学所采用）改为MAXII系列器件（EPM240T100，当前主流器件，广泛应用于企业实际开发、生产中）。开发工具软件的学习由MAXPLUSII软件（功能较简单，支持器件少，不支持新型器件，实际开发中很少使用，但仍为大部分学校教学采用）改为QuartusII开发软件（企业开发主流软件）。

- 以项目为载体，融理论知识于项目设计中

教学中以数字电路设计为基点，从项目的介绍中引出VHDL语句语法内容。在典型示例的说明中，自然地给出完整的VHDL描述，同时给出其综合后表现该电路系统功能的时序波形图。通过一些简单、直观、典型的实例，将VHDL中最核心、最基本的内容解释清楚，使学生在短时间内有效地掌握VHDL的主干内容，并付诸设计实践。

- 以学生为中心，设计不同难度等级的学习项目

针对不同层次的学生，设计由浅入深、不同难度等级的学习项目，实现个性化教学。第一层次是与该课内容相关的验证性实验——基础项目，提供了详细的设计程序和设计方法，使学生能有章可循，快速入门；第二层次是在上一项目的基础上提出一些要求，让学生能做进一步的自主发挥；第三层次属于自主设计或创新性质的项目，只给出项目的基本原理、实验功能、技术指标要求和设计提示等，学生可尝试独立完成。

- 以能力为考核点，改变课程的评价体系

课程评价采用过程评价与结业评价相结合的原则，并且以学生自我评价和小组互评为主，教师在评价过程中仅起引导作用。

本书在编写过程中，得到了各位参编老师的大力帮助与支持。本书在正式出版前，曾作为广东水利电力职业技术学院电子信息工程技术专业的《可编程逻辑器件技术》课程的校本教材使用3年，并且也用作指导学生参加各种电子设计竞赛的内部辅导教材，该专业

的学生参加了多次电子设计竞赛，取得了令人瞩目的成绩，近3年来获得省级奖项以上50余人次。本书也得到了学生们的肯定，在这里特别感谢2012级电子班郑少群、郑晓锐、林福祥、华振宣等同学积极参与本书的整理，他们的意见也对本书的改进起到了十分关键的作用。

特别值得一提的是，天祥电子科技有限公司的郭天祥老师，为我们提供了EPM240最小系统开发板及开发板的硬件原理图，本书所有程序均在该开发板上调试通过，读者可以自行按原理图设计其开发板，在此对郭天祥老师的大力支持表示感谢。

由于编者经验不足，本书难免会存在不足之处，请各位读者批评指正。

本书作为"可编程逻辑器件技术"省级资源共享建设课程的配套教材，相关教学资源与教学视频可以到广东水利电力职业技术学院精品课程网站查阅，网址如下：http://jpkc.gdsdxy.cn/2009/cpld/index/index.html

编　者
2014 年 9 月

# 目　　录

## 第一部分　基础项目

## 第二部分　综合项目

# 第一部分　基础项目

# 项目一 软件的安装和使用

## 任务一 软件的安装

### 一、QuartusII 安装说明

（1）光盘路径：quartusii\quartus\disk1 中用鼠标左键双击 setup. exe 文件。启动界面如图 1.1 所示。

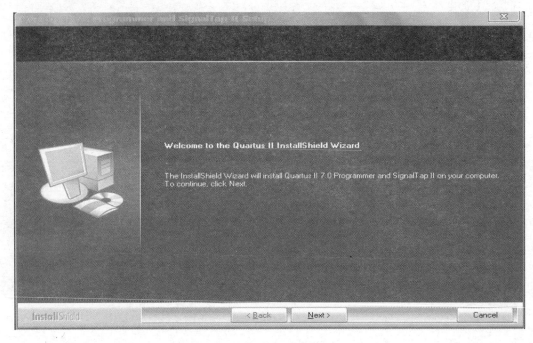

图 1.1　QuartusII 安装界面

（2）点击【Next】按钮后，弹出"说明"对话框，如图 1.2 所示。

（3）继续点击【Next】按钮后，弹出如图 1.3 所示的对话框，在上面空白处输入用户名，下面空白处输入公司名，这个可以任意填写。填好后【Next】按钮呈可选状态。（"我的安装软件用户名"默认为微软用户，"公司名"默认为微软中国）

（4）按下【Next】按钮后，进入安装路径选择界面，如图 1.4 所示。（建议安装在默认的路径）

选择好安装路径之后，点击【Next】按钮之后会看见相关的安装信息，一直点击【Next】按钮直到进入安装过程。安装之后会弹出一个结束对话框，点击【Finish】按钮，完成安装。

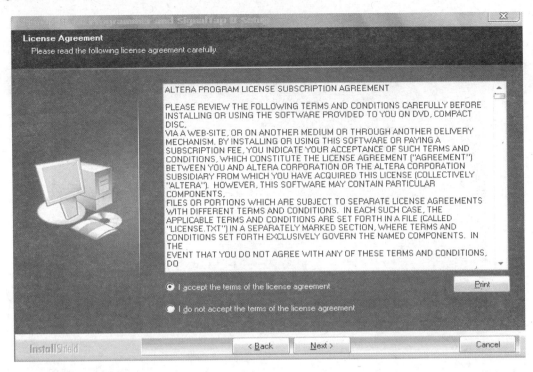

图 1.2　"说明"对话框

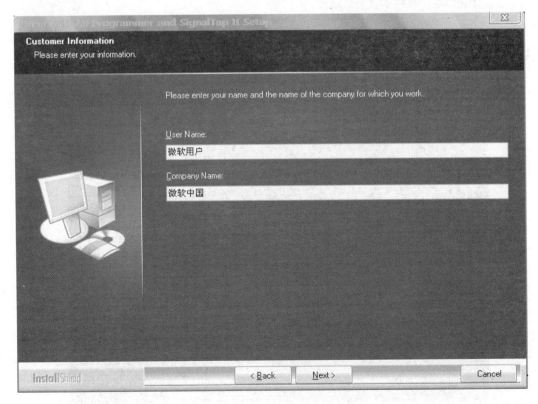

图 1.3　"用户信息输入"对话框

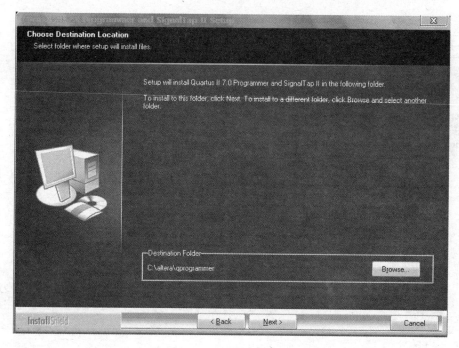

图 1.4 "安装路径选择"对话框

## 二、Quartus II 软件的授权

（1）授权过程是将光盘路径：quartusii7\Altera-Quartus_V7_Win_Crack 中的 license. dat 文件复制到安装目录下。

（2）还有在这个路径下的 sys_cpt. dll 文件复制到安装目录下的 bin 的文件夹里。

（3）在开始菜单栏，选择运行，输入 cmd，按回车弹出如图 1.5 所示的对话框。

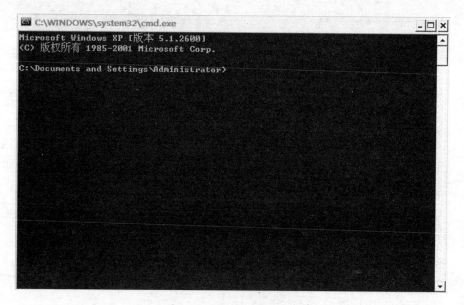

图 1.5 网卡号查找界面

（4）输入 ipconfig/all，弹出如图 1.6 所示的对话框。

图 1.6 网卡号显示界面

（5）图 1.6 中圈起来的就是电脑的网卡号。

（6）以记事本方式打开 license，将网卡号替换进去。

（7）打开 QuartusII，导入 license.dat 菜单下 tools/license.setup。

# 任务二　USB-Blaster 快速安装向导

（1）通过 USB 电缆，将 USB-Blaster 与电脑相连。在设备管理器中找到 USB-Blaster 后，单击右键选择革新驱动软件。

图 1.7 设备管理器

（2）进入界面后，选择浏览计算机以查找驱动程序软件（R）。

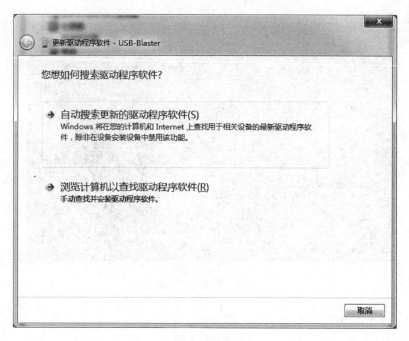

图 1.8　更新驱动程序软件

（3）进入浏览计算机以查找驱动程序软件界面后，单击文本输入方框旁的浏览按钮进入选择更新驱动软件的界面。

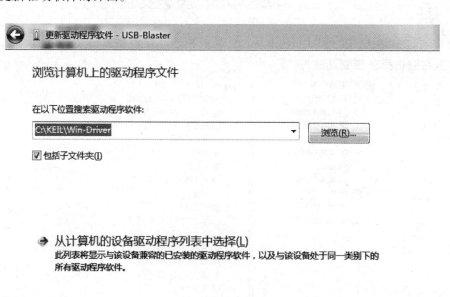

图 1.9　浏览驱动程序所存放的路径

（4）在该界面中选择驱动程序所在的安装目录，比如这是在 D 盘的存放路径："D 盘—altera—quartus—drivers—usb-blaster—x32（电脑系统是 32 位的 Win7）"，点击确定。

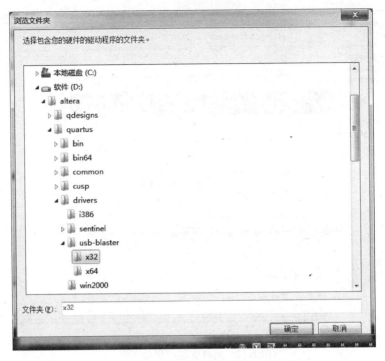

图 1.10　选择 USB-Blaster 驱动程序存放的路径

（5）回到图 1.11 所示的界面后，点击下一步。

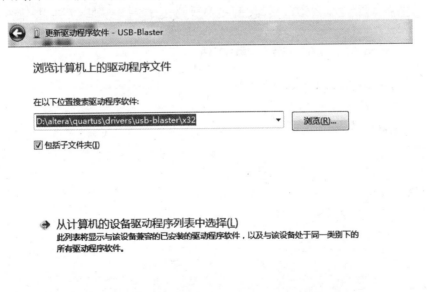

图 1.11　安装 USB-Blaster 驱动程序

（6）系统会识别出该驱动，跳出该界面，询问是否访问，选择始终安装此驱动程序软件。

图 1.12　始终安装此驱动程序

（7）安装成功。

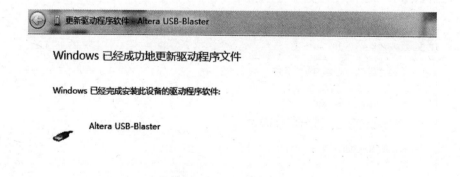

图 1.13　驱动程序安装结束

（8）在 USB-Blaster 连着电脑的情况下，打开 QuartusII，从菜单打开 Tool > Programmer，从 HardwareSetup 设置使用 USB-Blaster 编程器，再单击 Close 就可以使用了。

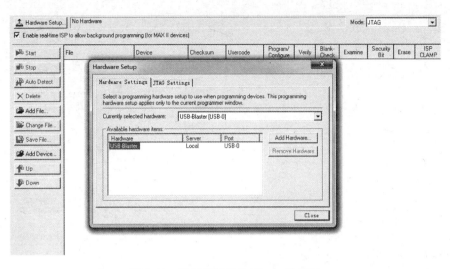

图 1.14　设置使用 USB-Blaster 编程器

# 任务三　软件的使用

主界面由 3 个子窗口组成，分别是设计输入编辑窗口（完成设计描述源文件的编辑）、消息窗口（编译/仿真过程的消息说明）和工程浏览窗口（快速浏览工程的各描述文件）。

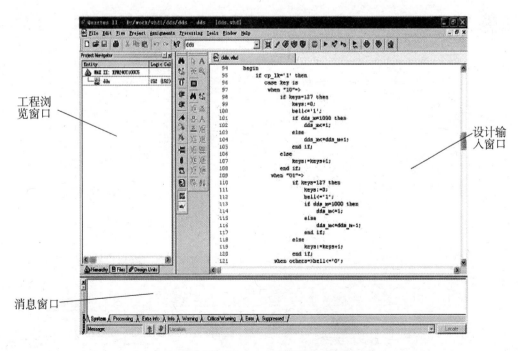

图 1.15　Quartus II 的系统主界面

1. 创建新工程

Quartus II 有工程的概念，所谓工程就是当前设计的描述、设置、数据以及输出的集合，Quartus II 会将这些存储在不同类型的文件中并置于同一个文件夹下。所以在设计之前，必须创建工程，具体步骤如下：

（1）打开 Quartus II 软件，在主界面中执行"File→New Project Wizard…"命令，打开新建工程管理窗口，如图 1.16 所示。

（2）在弹出的如图 1.17 所示的对话框中指定设计工程的文件存放目录、工程名以及最顶层的设计实体名。

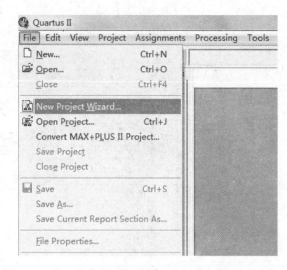

图 1.16 新建工程向导

• 最上面的输入框：输入指定工程文件存放的目录。

• 中间的输入框：输入新建工程的名字。

• 最下面的输入框：输入该设计工程最顶层的设计实体名。

说明：一般输入工程名和设计顶层的实体名默认是相同。

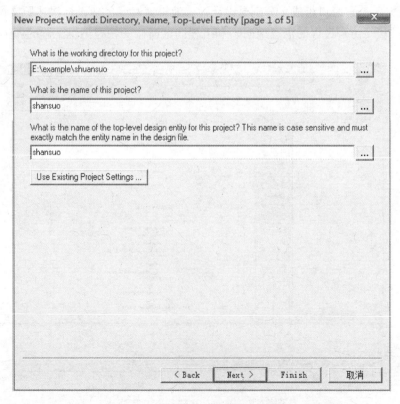

图 1.17 设置工程文件存放路径、工程文件名及顶层文件名

（3）单击【Next】按钮，弹出如图 1.18 所示的对话框。许多设计工程除了最顶层的设计文件之外，还会包含一些额外的电路模块描述文件或者定制的功能库。设计者可以通过如图 1.18 所示的对话框将这些文件或者功能库添加到设计工程中。为了方便工程设计文件整理，建议将所有的设计文件集中到工程目录中。由于是新建工程尚无设计文件，此处继续单击下一步。

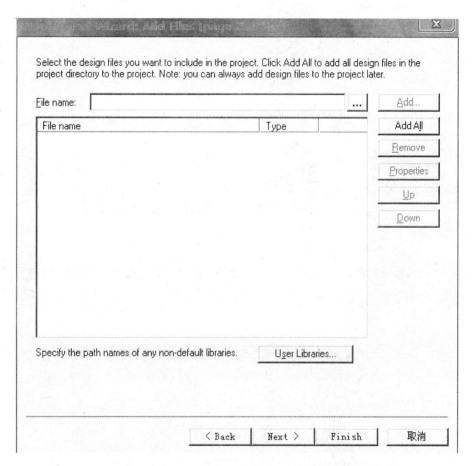

图 1.18　添加设计文件

（4）单击【Next】按钮，弹出如图 1.19 所示的对话框。系统会要求设计者指定工程所使用的芯片系列，可以选择自动选择芯片型号或者设计者指定。建议选择"Specific device selected in 'Available devices' list"选项，这样可以手动设置芯片参数。这个一般是硬件设计好之后，若对参数不熟悉一定要先参考 Quartus II 的帮助文件，弄清封装、管脚类型和芯片速度这 3 个设置项中的每个参数的具体含义。如果选择自动选择芯片，对于绝大多数的应用只采用默认设置即可，系统会根据实际的情况自动进行优化。在本教材里，所有的例程均针对 EPM240T100 学习板进行设计及硬件下载实现，所以选择 MAX II 系列的 EPM240T100C5 型号芯片。

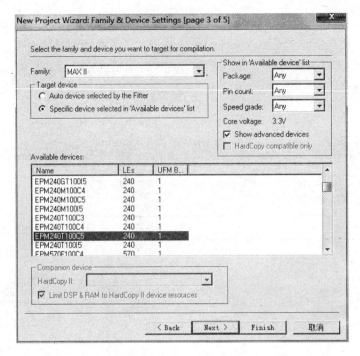

图 1.19　选择目标芯片

（5）点击【Next】按钮进入 EDA 工具设置页面，如图 1.20 所示，用以第三方的综合器、仿真器和时序分析工具。默认值为不使用第三方 EDA 工具，在本例中保持默认不变，直接点击【Next】按钮继续。

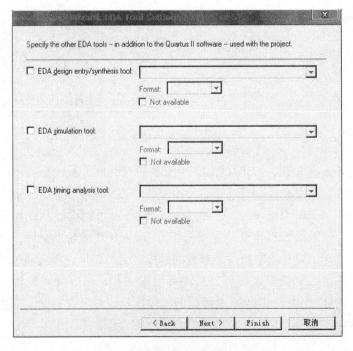

图 1.20　设置第三方 EDA 工具

（6）创建新工程向导的最后一步，如图 1.21 所示，Quartus II 会给出新建工程的摘要信息，点击【Finish】按钮即可完成向导。

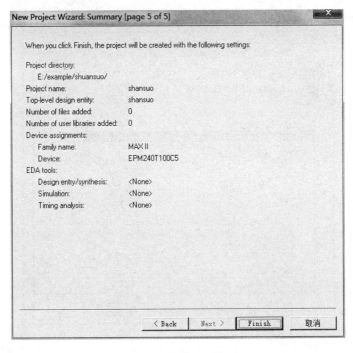

图 1.21　新建工程摘要

在完成新建工程后，所有工程设置可以通过 Assignments→Settings…菜单命令或者 Ctrl + Shift + E 快捷启动设置对话框进行修改。

新建工程完成后，鼠标单击新建文件（NEW），即可准备 VHDL 程序输入。

2. 设计输入

Quartus II 支持多种设计输入方法，即允许用户使用多种方法描述设计，常用的设计输入方式有：原理图输入，文本输入和第三方 EDA 工具输入。下面介绍文本输入法。

执行菜单"File→New…"菜单命令打开新建对话框，如图 1.22 所示。

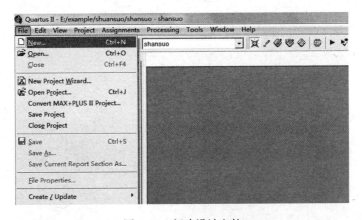

图 1.22　新建设计文件

在弹出来的对话框中选中 VHDL File，如图 1.23 所示，然后点击【OK】按钮新建一个空白的 VHDL 文档，如图 1.24 所示，Quartus II 会自动给文件起名为 Vhdl1.vhd。

图 1.23　选择文件类型

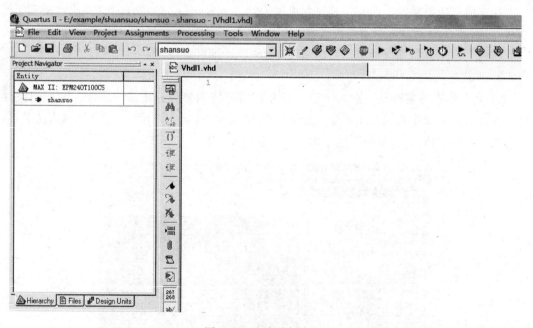

图 1.24　文本编辑窗口

这时执行 File→Save 命令或者使用 Ctrl + S 快捷键将其保存，保存对话框如图 1.25 所示，Quartus II 会将自动保存位置定位到工程目录并且默认命名为〈顶层实体名〉.vhd。这里只有一个实体，故 shansuo 就是顶层。保持默认值不变，直接点击【保存】按钮保存文件。

图 1.25　文件的保存

在新建的 VHDL 文档中输入分频器程序，如图 1.26 所示。

图 1.26　程序的输入

实现分频的 VHDL 程序如下：

```vhdl
library ieee;
use ieee. std_logic_1164. all;
use ieee. std_logic_arith. all;
use ieee. std_logic_unsigned. all;

entity shansuo is
port(
        clk: in std_logic;
        clk_out: out std_logic;
            r: out std_logic_vector( 3 downto 0)
);
end shansuo;
architecture behieve of shansuo is
signal clk_1k: std_logic;
begin
r <= "0111";
process( clk)
variable cnt1: integer range 0 to 2000;
variable cnt2: integer range 0 to 1250;
begin
    if clk'event and clk = '1'then
        if cnt1 = 2000 then
            cnt1: = 0;
            if cnt2 = 1250 then
                cnt2: = 0;
                clk_1k <= not clk_1k;
            else
                cnt2: = cnt2 + 1;
            end if;
        else
            cnt1: = cnt1 + 1;
        end if;
    end if;
end process;
clk_out <= clk_1k;
end behieve;
```

3. 编译

完成 VHDL 语言输入之后，就可以进行工程编译了，编译主要是对设计项目进行检错、逻辑综合、结构综合、输出结果的编辑配置和时序分析等。

执行"Process→start compilation"菜单命令，如图 1.27 所示；启动 Quartus II 的语法检查功能，对当前文件进行分析。如果在 Message 窗口中出现 Error，则在修改之后再次执行分析，直到没有错误提示为止。

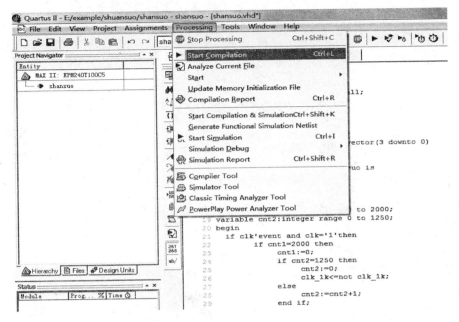

图 1.27　开始编译

编译中，左下角 Task 栏显示编译的进度，如图 1.28 所示。

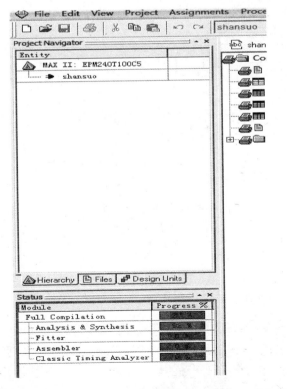

图 1.28　编译中

编译完成，下侧 Message 栏显示编译的有关信息。如果有错误，必须进行修改，直至编译通过（出现 Full Compilation successful 提示框），如图 1.29 所示。

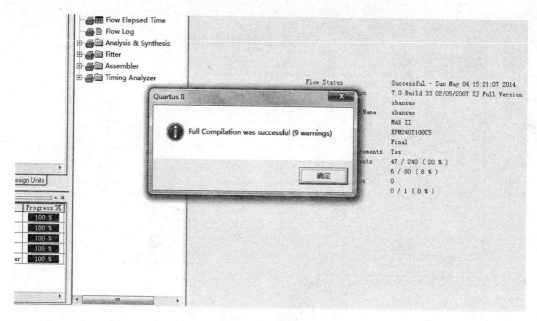

图 1.29　编译结束

在编译报告中可查看工程编译的有关指标，如图 1.30 所示。

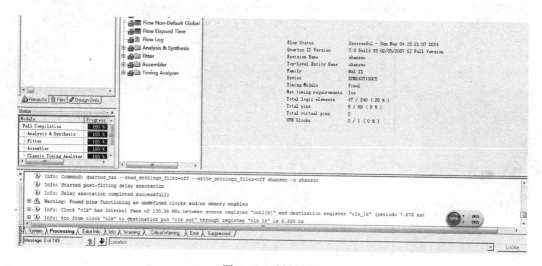

图 1.30　编译报告

4. 仿真

对工程的编译通过后，必须对其功能进行仿真和时序性质进行仿真测试，以了解设计结果是否满足原设计要求。在把设计配置到器件之前，可以通过仿真对设计进行全面的测试，保证设计在各种条件下都能有正确的响应。但是仿真并不是所有的设计必须要做的步骤，在有最小系统开发板时，可以省去仿真直接进行引脚分配，然后直接硬件下载实现，直接看实验现象是否完成设计功能。

　本例是编译后进行仿真，其具体仿真步骤如下：

　（1）新建波形文件

　在 Quartus II 界面中执行"File→New"菜单命令，在弹出新建对话框中选择 Other Files 选项卡，选择 Vector Waveform File 项目，如图 1.31 所示。

　点击【OK】可以看到 Quartus II 创建的名为 Waveform1.vwf 的仿真波形文件，使用"File→Save As…"命令将其另存为 div，如图 1.32 所示。

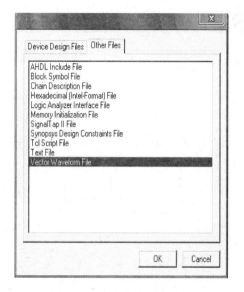

图 1.31　新建仿真波形文件

图 1.32　另存仿真波形文件

　（2）添加仿真信号

　在进行仿真之前必须添加仿真信号，即仿真中的激励及所要观察的信号。在 Quartus II 中添加仿真信号有多种办法，这里可以通过执行"Edit→Insert Node or Bus"菜单命令打开"Insert Node or Bus"对话框，如图 1.33 所示。

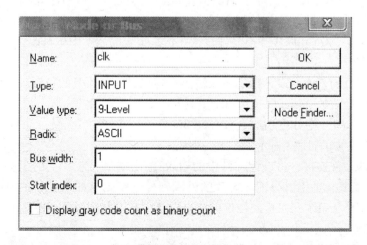

图 1.33　添加仿真信号

在 Name 栏中填入设计中需要观察端口型号，Quartus II 会自动给出输入输出类型与其他参数，如果要一次加入很多观察脚可以通过【Node Finder…】按钮实现，选择点击【OK】即可将其添加到波形文件中。

（3）设置仿真激励

根据 VHDL 描述，本例是一个 1000 分频的程序。仿真需要赋予激励信号，因此需要设置仿真时间（End time）和最小变化时间（Gird Size）。在编辑菜单下可以找到相应的命令，会弹出如图 1.34 和图 1.35 所示的对话框。

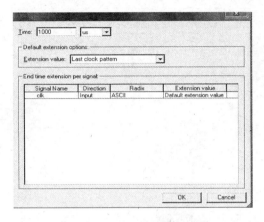

图 1.34　End time 设置对话框　　　　　图 1.35　Gird Size 设置对话框

通过仿真工具栏可以设置激励信号的值，仿真工具栏就是左边的一条状态栏。最终设置完成的激励。

（4）启动仿真

执行 Quartus II 菜单中的"Processing→Start Simulation"命令或者 Ctrl + I 快捷键即可启动仿真。Quartus II 会在状态窗口限制仿真运行状态，并在消息窗口给出仿真过程中的警告、错误和信息。完成仿真后弹出对话框。

完成仿真后 Quartus II 会自动弹出仿真报告，如果没有自动弹出页可以执行"Processing→Simulation Report"命令手动打开。这个报告中的波形窗口与刚才输入仿真激励的波形文件窗口是不同的，这是本例的仿真报告。

需要注意的是，Quartus II 并不允许直接在仿真报告的波形图中修改仿真激励。

5. 引脚分配

分配引脚的目的是为了设计指定输入输出引脚在目标芯片上的位置。分配引脚的方法有许多种，这里介绍的 Assignment Editor 工具是一种比较常用的引脚分配方法。

在"Pin Planner"中分配引脚，如图 1.36 所示。选择"Assignment-Pin Planner"，打开引脚分配窗口，如图 1.37 所示。

按照实际的硬件连接，将设计文件中的输入/输出端口与芯片上的引脚一一对应，如图 1.38 所示。其具体的引脚分配与芯片的外围硬件电路图是如何连接的有关，本书的例程均按 EPM240 最小系统开发板的硬件电路来设计，其电路图及其 EPM240 与外围电路的接口表见附件。

引脚分配完成后重新编译，生成 POF 文件和 SOF 文件。

图 1.36  分配引脚

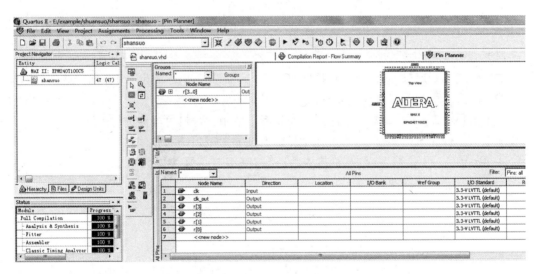

图 1.37  引脚分配窗口

| | Node Name | Direction | Location | I/O Bank | Vref Group | I/O Standard | Reserved | |
|---|---|---|---|---|---|---|---|---|
| 1 | ck | Input | PIN_12 | 1 | | 3.3-V LVTTL (default) | | |
| 2 | ck_out | Output | PIN_72 | 2 | | 3.3-V LVTTL (default) | | |
| 3 | r[3] | Output | PIN_66 | 2 | | 3.3-V LVTTL (default) | | r[3. |
| 4 | r[2] | Output | PIN_67 | 2 | | 3.3-V LVTTL (default) | | r[3. |
| 5 | r[1] | Output | PIN_68 | 2 | | 3.3-V LVTTL (default) | | r[3. |
| 6 | r[0] | Output | PIN_69 | 2 | | 3.3-V LVTTL (default) | | r[3. |
| 7 | <<new node>> | | | | | | | |

图 1.38  分配引脚

6. 配置器件

在完成设计输入以及成功的编译、仿真设计之后，配置器件是 Quartus II 设计流程的最后一步，目的是将设计配置到目标器件中进行硬件验证。在编译中的 Assembler 阶段 Quartus II 会针对目标器件生成配置文件：ROM 对象文件（.pof）和编程器对象文件（.pdf）。由 Quartus II 提供 Programmer 工具使用这些文件对器件进行配置，执行"Tools→Programmer"菜单命令可以驱动 Programmer 工具，界面如图 1.39 所示。

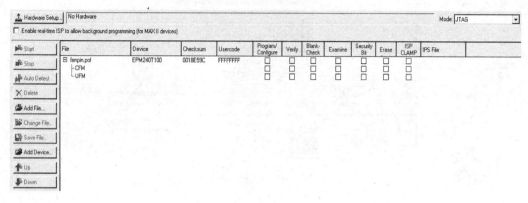

图 1.39　配置工具

（1）设置配置电缆

配置电缆用于连接运行 Quartus II 的 PC 与目标器件，将配置指令与数据传送到 FPGA/CPLD。Altera 提供的配置电缆主要有以下几种：

- ByteBlaster：Altera 较早的配置电缆类型，使用并行口对器件进行配置。
- ByteBlaster MV：提供混合电压支持，其余与 ByteBlaster 相同。
- ByteBlaster II：Altera 新型的配置电缆，对 SinalTap II 等反馈手段提供了支持，同样是使用并口对器件进行配置。
- MasterBlaster：使用 RS232 串行口的配置电缆。
- USB-Blaster：使用 USB 接口的配置电缆。
- EthermetBlaster：使用 RJ45 网络接口的配置电缆。

Programmer 窗口中必须设置了配置电缆才能进行配置，在图 1.39 中看到，左上角的信息框中显示"No Hardware"，即硬件没有安装，点击【Hardware Setup…】按钮设置下载电缆。

在 Quartus II 弹出的"Hardware Setup"对话框中点击【Add Hardware】按钮，打开"Add Hardware"对话框。Hardware type 栏中选择合适的下载电缆类型，对于使用串行口的 MasterBlaster 等配置电缆类型还需要设置串行口和波特率等信息。本例使用 USB-Blaster。点击【OK】按钮和【Finish】按钮完成设置，可以在 Programmer 窗口的硬件信息框中看到设置的配置电缆类型。

（2）选择配置方式

Quartus II 的 Programmer 配置工具会根据选择的器件类型给出器件的配置模式，通过 Mode 栏的下拉菜单进行选择。本例中的目标器件是 MAX II 系列。

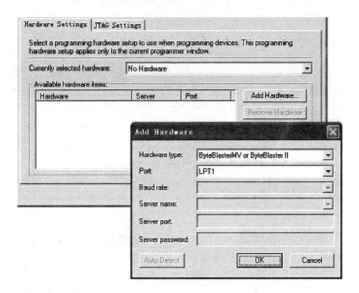

图 1.40　设置配置电缆

可以选择的配置模式有以下几种：

● JTAG：使用 IEEE1149.1 标准 JTAG 端口与时序对 FPGA 进行配置，优先级最高。

● In-Socket Programming：Altera 编程单元（APU）的专用配置模式。

● Passive Serial：PS 模式即被动串行模式，在这种模式下 FPGA 处于被动方式，只是被动地接受配置数据，可对单个或者多个器件进行编程。

● Active Serial Programming：AS 模式即主动串行模式，FPGA 处于主动地位。由于 FPGA 控制配置过程，负责输出控制的同步信号给出外部配置芯片，接受配置数据以完成配置。主要用于对 EPCS1/EPCS4 等串行配置器件进行编程与测试。

（3）开始配置

首先保证已经连接号配置电缆，ByteBlaster、ByteBlaster MV、ByteBlaster Ⅱ 需要与 25 针并口相连；USB-Blaster 与电脑的 USB 口相连；其他类型的下载电缆也需要连接到 PC 的相应端口上。

完成点击在 Programmer 界面中点击【Start】按钮，当弹出配置完成对话框时，点击【OK】按钮确定即完成器件配置。

7. 下载到可编程逻辑器件中

最后一步，激动人心的时刻到了，连接好开发板的 JTAG 下载线（打开电源），将设计项目烧写到芯片中，如图 1.41 所示。

确认编程器中 SOF 文件为当前工程的配置文件，单击【Start】，开始下载，如图 1.42 所示。

分频程序已经烧写到芯片中，现在就可以通过硬件资源来验证设计的功能是否正确，可以看到，最小系统开发板上的红灯开始闪烁。

第一次设计完成了，你掌握 Quartus Ⅱ 软件的基本使用了吗？

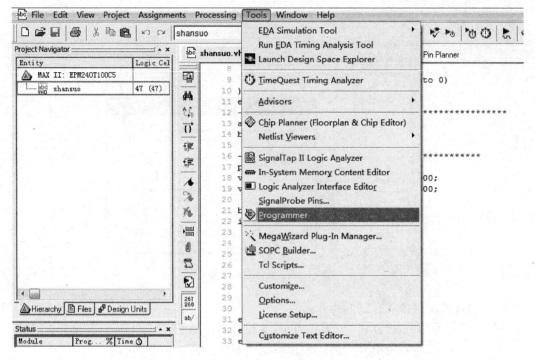

图 1.41　芯片编程

# 项目二　分频电路的设计

1. 设计要求

用 VHDL 语言设计出一个灯自动地每 1 秒闪烁一次。

2. 任务分析

将系统的主时钟 50MHz 分成 1Hz 的时钟频率，用该信号输出到灯上，使其在 1Hz 的信号上高电平时为亮、低电平时为灭，从而实现闪烁。

3. 设计原理

图 2.1　设计原理图

4. 硬件要求

含有芯片 EPM240T100C5 的开发板和下载线与电源线。输入信号为系统自带主时钟，输出为开发板上任意一个 LED 灯。

5. 源程序（＊.vhd）

```vhdl
-- * * * * * * * * * * * * 库定义、包定义 * * * * * * * * * * * * * * * * * * * *
library ieee;
use ieee. std_logic_1164. all;
use ieee. std_logic_unsigned. all;

-- * * * * * * * * * * * * * 实体定义 * * * * * * * * * * * * * * * * * * * * *
entity shansuo is
port
  ( clkin: in std_logic;                    ——时钟输入
     clkout: buffer std_logic;              ——彩灯的阳极
     r:  out std_logic_vector( 3 downto 0)  ——控制彩灯的阴极
  );
end shansuo;
-- * * * * * * * * * * * * 结构定义 * * * * * * * * * * * * * * * * * * * * *
architecture behave of shansuo is
begin
  r <= "1110";
-- * * * * * * * * * * * * 10Hz 分频程序 * * * * * * * * * * * * * * * * * * *
process( clkin)
variable clk1: integer range 0 to 1000;
```

```
variable clk2: integer range 0 to 2500;

begin
if clkin'event and clkin = '1' then
    if clk1 = 1000 then
        clk1: = 0;
        if clk2 = 2500 then
            clk2: = 0;
            clkout <= not clkout;
        else clk2: = clk2 + 1;
        end if;
    else clk1: = clk1 + 1;
    end if;
end if;
end process;
end;
```

6. 引脚分配

| | | Node Name | Direction | Location | I/O |
|---|---|---|---|---|---|
| 1 | ▶ | clkin | Input | PIN_12 | 1 |
| 2 | ◀ | clkout | Output | PIN_71 | 2 |
| 3 | ◀ | r[3] | Output | PIN_69 | 2 |
| 4 | ◀ | r[2] | Output | PIN_68 | 2 |
| 5 | ◀ | r[1] | Output | PIN_67 | 2 |
| 6 | ◀ | r[0] | Output | PIN_66 | 2 |
| 7 | | <<new node>> | | | |

图 2.2 引脚分配图

7. 思考与练习

设计出一个灯每 2 秒闪烁一次；再设计另外一个灯每 1 秒闪烁两次。

# 相关知识

## 一、VHDL 概述

1. VHDL 简介

• VHDL（Very high speed intergated circuit Hardware Description Language）：非常高速集成电路的硬件描述语言。

• 20 世纪 80 年代诞生于美国国防部的一项研究计划，目的是使电路的设计能够以文字的方式保存下来。

• 被列为 IEEE1076 标准，也成为工业界的标准。

**2. Verilog HDL 语言简介**

● Verilog HDL 语言是在 C 语言的基础上发展起来的，由 GDA（Gateway Design Automation）公司创造的，1989 年 Cadence 公司收购了 GDA 公司，使得 Verilog HDL 成为该公司的独家专利。1990 年 Cadence 公司公开发表了 Verilog HDL，并成立 LVI 组织以促进 Verilog HDL 成为 IEEE 标准，即 IEEE Standard 1364—1995。

● Verilog HDL 的最大特点就是易学易用，如果有 C 语言的编程经验，即可在一个较短的时间内很快地学习和掌握它。Verilog HDL 语言的系统抽象能力稍逊于 VHDL，而对门级开关电路的描述能力则优于 VHDL。

**3. VHDL 的优点**

VHDL 主要用于描述数字系统的结构、行为、功能和接口。除了含有许多具有硬件特征的语句外，VHDL 的语言形式和描述风格与句法十分类似于一般的计算机高级语言。VHDL 的程序结构特点是将一项设计实体（可以是一个元件、一个电路模块或一个系统）分成外部和内部两个基本点部分，其中外部为可见部分，即系统的端口，而内部则是不可见部分，即设计实体的内部功能和算法完成部分。在对一个设计实体定义了外部界面后，一旦其内部开发完成后，其他的设计就可以直接调用这个实体。这种将设计实体分成内、外部分的概念是 VHDL 系统设计的基本点。应用 VHDL 进行工程设计的优点是多方面的，具体如下：

（1）支持层次化设计；

（2）具有多层次描述系统硬件功能的能力；

（3）具有丰富的仿真语句和库函数；

（4）VHDL 语句的行为描述能力和程序结构决定了它具有支持大规模设计的分解和已有设计的再利用功能；

（5）对设计的描述具有相对独立性，与硬件的结构无关；

（6）可以利用 EDA 工具进行逻辑综合和优化，并自动将 VHDL 描述转化为门级网表；

（7）具有可移植性，可以在不同的设计环境和系统平台中使用；

（8）具有良好的可读性。

**4. VHDL 与高级语言的区别**

总体上来说，主要区别如下：

（1）某些并行语句可以自动地重复执行，不需要用循环指令来保证；

（2）VHDL 中的许多语句不是按排列顺序执行的，而是可以同时执行的（VHDL 的并行性）。

那关于 VHDL 中顺序语句的顺序性如何理解呢？为什么书上说有些语句是顺序语句，可是执行以后的结果却表明它们是并发执行的？

所谓顺序语句，即从仿真的角度看，每一条语句的执行是按书写顺序进行的。顺序语句只能在进程和子程序（函数和过程）内部使用；在后面的学习过程中，大家可以体会到从大量的实践中总结出的一条规律：一个进程（PROCESS）中，如果没有变量的存在，那么仍可将进程内的语句视为并行执行，也就是说，语句的书写顺序并不影响结果；如果进程存在变量，那么进程呈现顺序性，但信号的代入语句仍是在进程被挂起（Suspend）时同时执行（并行执行）的。这一点是与高级语言不同的，需牢记。

## 二、VHDL 程序结构

一个完整的 VHDL 程序通常包含库（LIBRARY）和程序包（PACKAGE）声明、实体（ENTITY）、结构体（ARCHITECTURE）和配置（CONFIGURATION）等部分。但是一个 VHDL 程序的基本结构仅需包含三个部分：库（LIBRARY）、实体（ENTITY）、结构体（ARCHITECTURE）。下面重点讲述实用的基本机构的程序设计，其基本结构如下：

```
LIBRARY IEEE; – – – – – – – – – – – – – – – –IEEE 库说明
USE IEEE. STD_Logic_1164. ALL;  – – – 自定义元件库
ENTITY nand_2 IS – – – – – – – – – – – – – –定义一个实体
PORT( a, b: IN STD_LOGIC;  – –描述输入输出
y: OUT STD_LOGIC)；– – – – – –信号
END nand_2;
ARCHITECTURE rtl OF nand_2 IS
BEGIN          – – – – – – – – – – – –结构体说明
y <= NOT( a AND b)；
END rtl;
```

1. 库与包的调用

当需要引用一个库时，首先要对库名进行说明，其格式为：

LIBRARY　　库名；

例如 LIBRARY IEEE; 即调用 IEEE 标准库。

对库名进行说明后，就可以使用库中已编译好的设计了。而对库中程序包的访问，则必须通用 USE 语句实现，其格式为：

USE　库名 . 程序包名 . 项目名；

例如 USE IEEE. STD_Logic_1164. ALL; 自定义元件库

对于初学者不妨在每个程序开始处写上如下代码：

```
Library    IEEE;
Use IEEE. std_logic_1164. all;
Use IEEE. std_logic_Arith. all;
Use IEEE. std_logic_unsigned. all;
```

2. 实体说明

功能：描述设计模块的输入/输出信号或引脚，并给出设计模块与外界的接口。实体类似一个"黑盒"，实体描述了"黑盒"的输入输出口。

格式：

```
ENTITY   实体名   IS
       [ GENERIC( 常数名: 数据类型: 设定值) ]
       PORT
                       (端口名 1: 端口方向 端口类型;
                        端口名 2: 端口方向 端口类型;
                        ……
```

端口名 n: 端口方向 端口类型
　　　　　　　　　);
　　　END [ 实体名];

- 实体名

实体名实际上是器件名，最好根据相应的电路功能确定。如 4 位二进制计数器用 counter4b；8 位加法器用 add8b；3/8 译码器用 ym_38。

实体名起名注意要点：①实体名必须与文件名相同，否则无法编译；②实体名不能用工具库中定义好的元件名；③实体名不能用中文，也不能用数字开头。

- 类属表

类属表：用以将信息参数传递到实体。

类属表的一般格式为：

GENERIC( 常数名: 数据类型[ : = 设定值]
　　　　　　……)
GENERIC( awidth :　INTEGER: = 3;
　　　　　　timex:　time ) ;

其中，常数名由设计者确定；数据类型通常取 INTEGER 或 time 等；在表中提供时间参数、总线宽度等信息。

- 端口表

端口表：指明实体的输入、输出信号及其模式。

端口表的一般格式为：

PORT( 端口名 1: 端口方向　 端口类型; )

端口方向：共四种，分别有 IN（输入）、OUT（输出）、INOUT（双向端口）、BUFFER（输出并向内部反馈）。

端口类型：VHDL 中常用的数据类型有 std_logic、std_logic_vector 和 integer 等。VHDL 是一种强类型语言，即对语句中的所有端口信号、内部信号和操作数的数据类型有严格规定，只有相同类型的端口信号和操作数才能相互作用。

- 实体举例

```
ENTITY black_box IS
    Generic ( constant width : integer := 7;);
    PORT (
        clk, rst:   IN std_logic;
        d:      IN   std_logic_vector( width DOWNTO 0);
        q:      OUT   std_logic_vector( width DOWNTO 0);
        co:     OUT   std_logic);
    END black_box;
```

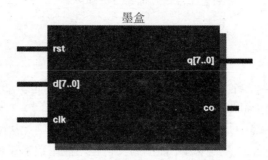

墨盒

- 练习一

编写包含以下内容的实体代码：

端口 D 为 12 位输入总线

端口 OE 和 CLK 都是 1 位输入

端口 AD 为 12 位双向总线

端口 A 为 12 位输出总线

端口 INT 是 1 位输出

端口 AS 是一位输出同时被用作内部反馈

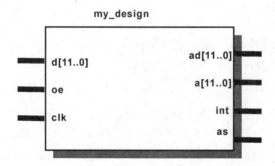

- 练习二

编写包含全加器的实体代码。编写 4 选 1 数据选择器的实体代码。

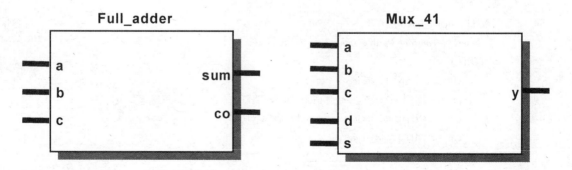

3. 结构体

结构体：通过若干并行语句来描述设计实体的逻辑功能（行为描述）或内部电路结构（结构描述），从而建立设计实体输出与输入之间的关系。一个设计实体可以有多个结构体。

格式：

　　ARCHITECTURE　结构体名　OF　实体名　IS
　　　　[声明语句]
　　BEGIN
　　　　功能描述语句
　　END [ARCHITECTURE] [结构体名];

- VHDL 结构体术语

声明语句：用于声明结构体中所用的信号、数据类型、常数、子程序等，并对所引用的元件加以说明，但不能定义变量。

功能描述语句：具体描述结构体的功能和行为。它可含有 5 种类型，这几个语句结构又被称为结构体的子结构。这 5 种语句结构本身是并行语句，但内部可能含有并行运行的逻辑描述语句或顺序运行的逻辑描述语句，如进程内部包含的即为顺序语句。

5 种功能描述语句结构分别为块语句、进程语句、信号赋值语句、子程序调用语句和元件例化语句。

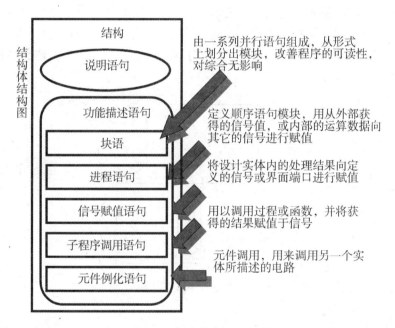

进程语句（PROCESS）在 VHDL 程序中起着不可或缺的重要作用，以后遇到关于进程的讲解，务必要用心学习。此时仅须记住：①进程内部为顺序语句；②只有在某个敏感信号发生变化时，进程才会被执行。

- 分频原理说明

【例程】2 分频电路

```
ENTITY fredevider IS
PORT
( clock: IN std_logic;
  clkout: OUT std_logic
);
```

```
END;

ARCHITECTURE behavior OF fredevider IS
SINGAL clk: std_logic;                  - -信号的声明
BEGIN
    PROCESS ( clock)
      BEGIN
          IF    rising_edge( clock)  THEN
                  clk <= NOT clk;              - -每个时钟上升沿, clk 反相
            END IF;
        END PROCESS;
            clkout <= clk;
    END;
```

### 4. 实体和结构体之间的关系

实体用于定义电路的输入/输出引脚，但并不描述电路的具体构造和实现的功能。结构体描述实体内部的结构或功能。一个实体可对应多个结构体，每个结构分别代表该实体功能的不同实现方案或不同描述方式。在同一时刻，只有一个结构体起作用，可以通过配置（CONFIGURATION）来决定使用哪一个结构体进行仿真或综合。实体和结构体关系如图 2.3 所示。

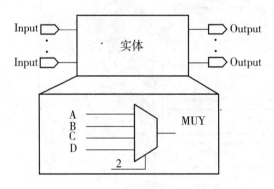

图 2.3　实体和结构体关系图

实操练习

（1）操作题目：通过分频器的设计实例，从整体结构上初步认识 VHDL 的基本结构和语句特点。

（2）步骤：定义元件库、实体、结构体、编译、仿真。

# 项目三　组合逻辑电路设计

## 任务一　四舍五入判别电路

### 1. 设计要求

电路基本功能：其输入为8421BCD码，要求输入大于或等于5时，判别电路输出为1，反之为0。

### 2. 任务分析

（1）组合电路：输出仅由输入决定，与电路当前状态无关；电路结构中无反馈环路。

图3.1　组合电路简图

（2）传统组合逻辑的设计方法。

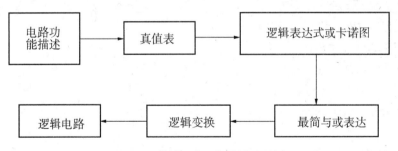

图3.2　传统组合逻辑设计步骤图

### 3. 设计原理

（1）分析电路功能得出电路真值表如下：

| D | C | B | A | Y | D | C | B | A | Y |
|---|---|---|---|---|---|---|---|---|---|
| 0 | 0 | 0 | 0 | 0 | 1 | 0 | 0 | 0 | 1 |
| 0 | 0 | 0 | 1 | 0 | 1 | 0 | 0 | 1 | 1 |
| 0 | 0 | 1 | 0 | 0 | 1 | 0 | 1 | 0 | 1 |
| 0 | 1 | 0 | 0 | 0 | 1 | 0 | 1 | 1 | 1 |

| D | C | B | A | Y | D | C | B | A | Y |
|---|---|---|---|---|---|---|---|---|---|
| 0 | 0 | 1 | 1 | 0 | 1 | 1 | 0 | 0 | 1 |
| 0 | 1 | 0 | 0 | 1 | 1 | 1 | 0 | 1 | 1 |
| 0 | 1 | 0 | 1 | 1 | 1 | 1 | 1 | 0 | 1 |
| 0 | 1 | 1 | 0 | 1 | 1 | 1 | 1 | 1 | 1 |

图 3.3　真值表

（2）简化真值表得出逻辑关系式：

$$Y = D + AC + BC$$

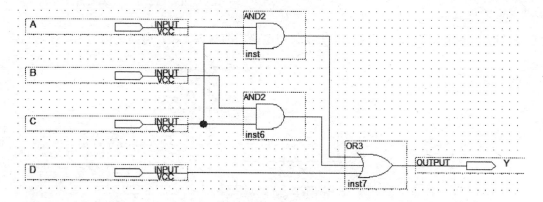

图 3.4　原理图

4. 硬件要求

（1）主芯片 Altera EPM240T100C5。

（2）LED 彩灯（接输出，观察现象）。

（3）四个拨码开关（四位输入）。

（4）电源模板。

5. 参考源程序（＊.vhd）

```
library ieee;
use ieee. std_logic_1164. all;
entity aa is
port(
    a, b, c, d: in std_logic;
    y: out std_logic;
    r: out std_logic_vector(3 downto 0));
end aa;
architecture behav of aa is
begin
r <= "1110";
```

y <= d or (a and c) or (b and c);

end behav;

6. 引脚分配

| | | |
|---|---|---|
| a | PIN_30 | 1 |
| b | PIN_33 | 1 |
| c | PIN_34 | 1 |
| d | PIN_35 | 1 |
| y | PIN_72 | 2 |
| r[0] | PIN_66 | 2 |
| r[1] | PIN_67 | 2 |
| r[2] | PIN_68 | 2 |
| r[3] | PIN_69 | 2 |

图 3.5 引脚分配图

# 任务二 举重裁判表决电路

1. 设计要求

(1) 设举重比赛有 3 个裁判,一个主裁判和两个副裁判。

(2) 杠铃完全举上的裁决由每个裁判按下自己面前的按钮来确定。只有当两个或两个以上裁判判明成功,并且其中有一个为主裁判时,表明成功的灯才亮。

2. 任务分析

判定成功有两个条件:①有两个或两个以上裁判判明成功;②判明成功的裁判中有一个为主裁判时。

3. 设计原理

(1) 设主裁判为变量 A,副裁判分别为 B 和 C;表明成功与否的灯为 Y。

分析电路功能得出电路真值表如下:

| A | B | C | Y | A | B | C | Y |
|---|---|---|---|---|---|---|---|
| 0 | 0 | 0 | 0 | 1 | 0 | 0 | 0 |
| 0 | 0 | 1 | 0 | 1 | 0 | 1 | 1 |
| 0 | 1 | 0 | 0 | 1 | 1 | 0 | 1 |
| 0 | 1 | 1 | 0 | 1 | 1 | 1 | 1 |

图 3.6 真值表

(2) 简化真值表得出逻辑关系式:

$$Y = AB + AC$$

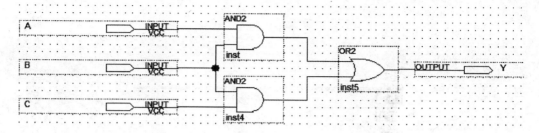

图 3.7 原理图

4. 硬件要求

（1）主芯片 Altera EPM240T100C5。

（2）LED 彩灯（接输出，观察现象）。

（3）三个拨码开关（三位输入）。

（4）电源模板。

5. 参考源程序（＊.vhd）

```
library ieee;
use ieee. std_logic_1164. all;

entity aa is
port(
    a, b, c: in std_logic;
    y: out std_logic;
    r: out std_logic_vector( 3 downto 0)
);
end aa;

architecture behav of aa is
begin
r <= "1110";
y <= ( a and b) or ( a and c);
end behav;
```

6. 引脚分配

| | |
|---|---|
| a | PIN_30 |
| b | PIN_33 |
| c | PIN_34 |
| y | PIN_72 |
| r[0] | PIN_66 |
| r[1] | PIN_67 |
| r[2] | PIN_68 |
| r[3] | PIN_69 |

图 3.8 引脚分配图

# 任务三　8421BCD 码转换为余 3 码电路

## 1. 设计要求

设计一个 8421BCD 码转换为余 3 码电路，要求输入一个 8421BCD 码，输出它的余三码。

## 2. 任务分析

输入 8421 码，输出余 3 码。

余 3 码：8421 码加上常数 3 即可得余 3 码，即自动加上 3（0011）。

## 3. 设计原理

（1）设输入的 8421 码为 a，输出的余 3 码为 s，由逻辑电路功能得出真值表如下：

| a [3..0] | s [3..0] |
|----------|----------|
| 8421 码 | 余 3 码 |

图 3.9　8421BCD 码转余 3 码真值表

（2）得出逻辑关系表达式：

$$s = a + \text{"0011"}$$

## 4. 硬件要求

（1）主芯片 Altera EPM240T100C5。

（2）8×8 矩形点阵（接输出，观察现象）。

（3）四个拨码开关。

（4）电源模板。

## 5. 参考源程序（*.vhd）

```
library ieee;
use ieee. std_logic_1164. all;
use ieee. std_logic_arith. all;
use ieee. std_logic_unsigned. all;

entity bb is
port(
    a: in std_logic_vector(3 downto 0);
    row1: out std_logic_vector(7 downto 0);
    row2: out std_logic_vector(3 downto 0);
    s: out std_logic_vector(3 downto 0)
);
end bb;

architecture one of bb is
begin
row1 <= "11111110";
```

```
        row2 <= "0000";
        s <= a + "0011";
        end;
```

6. 引脚分配

| | | | | |
|---|---|---|---|---|
| a[0] | PIN_36 | row1[6] | PIN_81 |
| a[1] | PIN_37 | row1[7] | PIN_82 |
| a[2] | PIN_38 | s[3] | PIN_83 |
| a[3] | PIN_39 | s[2] | PIN_84 |
| row1[0] | PIN_73 | s[1] | PIN_85 |
| row1[1] | PIN_74 | s[0] | PIN_86 |
| row1[2] | PIN_75 | row2[0] | PIN_87 |
| row1[3] | PIN_76 | row2[1] | PIN_88 |
| row1[4] | PIN_77 | row2[2] | PIN_89 |
| row1[5] | PIN_78 | row2[3] | PIN_90 |

图 3.10　引脚分配图

# 任务四　四位加法器

1. 设计要求

设计一个四位加法器，要求输入两个 4 位的二进制数，并考虑低位来的进位，再求得和及进位。

2. 任务分析

能对两个 1 位二进制数进行相加而求得和及进位的逻辑电路称为半加器。

能对两个 1 位二进制数进行相加并考虑低位来的进位，即相当于 3 个 1 位二进制数相加，求得和及进位的逻辑电路称为全加器。

实现多位二进制数相加的电路称为加法器。按照进位方式的不同，加法器分为串行进位加法器和超前进位加法器两种。串行进位加法器电路简单，但速度较慢，超前进位加法器速度较快，但电路复杂。

加法器除用来实现两个二进制数相加外，还可用来设计代码转换电路，二进制减法器和十进制加法器等。

3. 设计原理

（1）设两个四位输入为 a、b，低位进位为 cin，四位输出为 s，输出满值进位为 cout。根据电路要求列出真值表如下：

| a [3..0] | b [3..0] | cin | s [3..0] | cout |
|---|---|---|---|---|
| a | b | 低位进位 | a + b + cin | 满值进位 |

图 3.11　四位加法器真值表

（2）分析真值表。

例：输入 a <= "1001"，b <= "1010"，低位进位 cin <= '1'（"0001"），可以得到输出

$s <= "0100"$，满值进位 $cout <= '1'$。（此处可以将 cout 看作 s（4））

4. 硬件要求

（1）主芯片 Altera EPM240T100C5。

（2）8×8 矩形点阵（接输出，观察现象）。

（3）八个拨码开关，一个按键开关（需要注意的是，按键开关在正常情况下为高电平，按下则为低电平）。

（4）电源模板。

5. 参考源程序（＊.vhd）

```
library ieee;
use ieee. std_logic_1164. all;
use ieee. std_logic_arith. all;
use ieee. std_logic_unsigned. all;

entity aa is
port(
    cint: in std_logic;
    a, b: in std_logic_vector(3 downto 0);
    row1: out std_logic_vector(7 downto 0);
    row2: out std_logic_vector(2 downto 0);
    s: out std_logic_vector(3 downto 0);
    cout: out std_logic
);
end aa;

architecture one of aa is
signal sint, aa, bb: std_logic_vector(4 downto 0);

begin
row1  <=  "11111110";
row2  <=  "000";
aa  <=  '0' & a(3 downto 0);
bb  <=  '0' & b(3 downto 0);
sint  <=  aa + bb + cint;
s(3 downto 0)  <=  sint(3 downto 0);
cout  <=  sint(4);
end;
```

6. 引脚分配

| | |
|---|---|
| a[0] | PIN_36 |
| a[1] | PIN_37 |
| a[2] | PIN_38 |
| a[3] | PIN_39 |
| cint | PIN_61 |
| row1[0] | PIN_73 |
| row1[1] | PIN_74 |
| row1[2] | PIN_75 |
| row1[3] | PIN_76 |
| row1[4] | PIN_77 |
| row1[5] | PIN_78 |
| row1[6] | PIN_81 |
| row1[7] | PIN_82 |

| To | Location △ |
|---|---|
| b[0] | PIN_30 |
| b[1] | PIN_33 |
| b[2] | PIN_34 |
| b[3] | PIN_35 |
| cout | PIN_83 |
| s[3] | PIN_84 |
| s[2] | PIN_85 |
| s[1] | PIN_86 |
| s[0] | PIN_87 |
| row2[2] | PIN_88 |
| row2[1] | PIN_89 |
| row2[0] | PIN_90 |

图 3.12 引脚分配图

# 相关知识

## 一、EPM240 最小系统开发板硬件电路说明

1. 彩灯位选端的选取

例：row <= "1110"，y <= '1'，选取的是 69 位选端的黄灯亮。

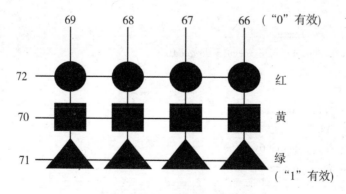

图 3.13 实验板彩灯布图

## 2. 点阵的使用及位选端的控制

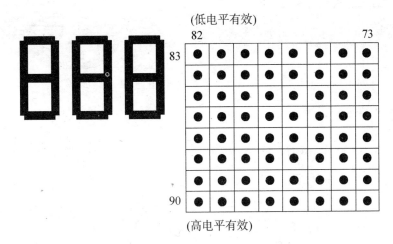

图 3.14  开发板 EPM240 I/O 与点阵电路接口图

## 二、VHDL 结构体的三种描述形式

● Structure 描述  描述该设计单元的硬件结构，即该硬件是如何构成的，类似于数字电路中的逻辑图描述。

● Date Flow 描述  它是类似于寄存器传输级的方式描述数据的传输和变换，以规定设计中的各种寄存器形式为特征，然后在寄存器之间插入组合逻辑。与数字电路中的真值表描述相似。

● Behavior Process 描述  只描述所希望电路的功能或者电路行为（输入输出间转换的行为），而没有指明或涉及实现这些行为的硬件结构。与数字电路中的逻辑表达式描述相似。

### 1. Structure 描述

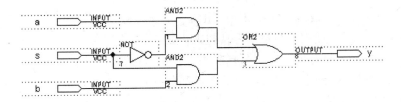

图 3.15  Structure 描述

```
architecture one of mux21 is
single d, e: bit;
    begin
    d <= a and ( not) s;
    e <= b and s;
    y <= d or e;
        end one;
```

逻辑图

2. Date Flow 描述

```
architecture one of mux21 is
begin
    y <= a when s = '0' else
        b;
    end one;
```

3. Behavior Process 描述

```
AND gate:
    ENTITY black_box IS
    PORT
    (
        a, b: IN std_logic;
            y: OUT std_logic
    );
    END black_box;
    ARCHITECTURE example OF black_box IS
    BEGIN
        y <= a AND b;
    END example;
```

### 三、VHDL 的基本数据类型

与 C 语言不同，VHDL 是一种强类型语言（Strong Typed Language）。也就是说，VHDL 对每个常数、变量、信号等的数据类型都有严格要求，只有相同数据类型的量，才能互相传递。强类型的好处是，它使程序更可靠也更容易调试，因为在它的"监控"下，很难犯一些低级的错误，例如进行错误的类型赋值，或者大小超过范围的赋值。

1. VHDL 预定义数据类型

VHDL 预定义的数据类型，不必用 USE 说明而直接使用。

Boolean（布尔量）：取值为 FALSE 和 TRUE。

Character（字符）：使用时用单引号括起来，如：'A'。

String（字符串）：使用时用双引号括起来，如："111000101"。

Integer（整数）：范围在 $-(2^{31}-1) \sim (2^{31}-1)$。

Real（实数）：范围在 $-1.0E+38 \sim +1.0E+38$。

Bit（位）：取值为 0 或 1，用于逻辑运算。

Time（时间）：取值范围与整数一致，一般用于仿真。完整的时间类型包括整数和物理单位两个部分，整数与单位之间至少留 1 个空格，如 20 ms、30 us 等。

Bit_vector（位矢量）：基于 BIT 数据类型的数组。使用时必须注明宽度。

Natural（自然数）和 Positive（正整数）：是整数的一个子类型。

Severity level（错误等级）：用来设计系统的工作状态。有四种状态值：NOTE（注意）、WARNING（警告）、ERROR（错误）、FAILUR（失败）。

（1）布尔数据类型

布尔数据类型实际上是一个二值枚举型数据类型，取值为 FALSE 和 TURE。这里先来看一个关于 Boolean 类型的小程序，程序对应的仿真图如图 3.16 所示。

【例程 1】关于 Boolean 类型的小程序

```
entity test_boolean is
port
    ( a: in bit;
     b, c:  out boolean
    );
architecture test of test_boolean is
begin
            b <= true when a = '1' else      --A = 1 时, B 为 TURE, 否则为 FALSE
                 false;
            c  <= false when a = '1' else     --A = 1 时, C 为 FALSE, 否则为 TURE
                 true;
    end;
```

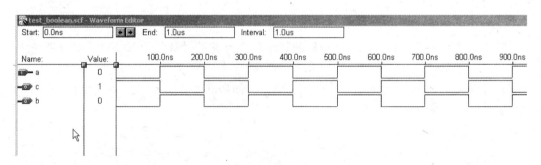

图 3.16　仿真图

从图中可以看出，实际上 FALSE 对应的是逻辑 0，而 TRUE 对应的是逻辑 1，即综合器是用一个二进制位（BIT）来表示 Boolean 型变量或信号的。由于 VHDL 是一种强类型语言，即使它们本质上是一样的，两种类型的变量、信号之间也不可直接赋值。

在上一个例子中，为了说明问题，将输出引脚赋予 Boolean 类型，在实际的设计中一般不会将与外界的接口设为 Boolean 类型，Boolean 类型通常以"隐含定义"的方式出现在程序中，如下面例程：

【例程 2】隐式定义的 Boolean 类型

```
entity test_boolean is
    port
        ( a, b:  in integer range 0 to 7;
        c:  out integer range 0 to 7
            );
architecture test of test_boolean is
begin
    process( A, B)
        if ( A > B)  then      --当 A > B 时, 将 A 值赋给 C, 否则将 B 值赋给 C
```

```
        C <= A;
    Else
        C <= B;
    End if;
  End process;
End;
```

在这个例程中，表面上没有出现 Boolean 类型的数据，其实 IF 语句中的关系运算表达式（A > B）的结果就是 Boolean 值。当 A > B 时，此关系式的值为 TRUE，否则为 FALSE。

（2）位数据类型

位（BIT）与布尔一样，同属于二值枚举型数据类型，取值为 0 或者 1。对应于实际电路中的低电平与高电平。Bit 类型的数据对象可以进行"与"、"或"、"非"等逻辑运算，结果仍为 BIT 类型。

（3）位矢量数据类型

位矢量（bit_vector）是基于位类型的数组。使用 bit_vector 时，必须注明数组中的元素个数和排列方向。例如：

```
signal a: bit_vector(0 to 7);
```

信号 a 被定义成一个具有 8 个元素的数组，而且它的最高位为 a（0），而最低位为 a（7）。

若希望这个数组的排列符合日常使用的顺序，即最高位为 a（7），而最低位为 a（0），则应将该信号声明语句写成如下：

```
Signal a: bit_vector( 7 downto 0);
```

【例程 3】

```
Entity assignment IS
PORT
    ( A:  IN bit_vector(7 downto 0);
      B:  IN bit_vector(0 to 7);
      C:  out bit_vector(0 to 7)
    );

Architecture dataflow of assignment is
    signal temp: bit_vector(7 downto 0);
Begin
    temp(3 downto 0)  <= A(3 downto 0);
    temp(7 downto 4)  <= B(0 to 3);
    c <= not temp;        - - 若两个矢量的位数相同,则整体赋值时可不必限定范围
End;
```

（4）整数数据类型

整数（integer）类型的数包括正整数、负整数和零。常用于加、减、乘、除四则运算；在使用整数时，必须用 range…to…限定整数的范围；若所设计的整数范围包括负数，

则该数将以二进制补码的形式出现。

【例程4】实现整数加、减运算的程序

```
entity test_integer is
port
    (a, b: in integer range -16 to 15;
    c, d: out integer range -32 to 31
    );
end;


architecture test of test_integer is
    begin
        c <= a - b;
        d <= a + b;
    end;
```

（5）其他数据类型

VHDL 的预定义数据类型还有实数、时间，等等，但这些数据类型只用于仿真，不可被综合。而本书主要讨论的是可综合的 VHDL 语句，所以此处略去这些数据类型。

2. IEEE 预定义标准逻辑位与矢量

在 IEEE 的程序包中 std_logic_1164 中定义了两个非常重要的数据类型。

（1）std_logic：标准逻辑位。取值为'0'（强0）、'1'（强1）、'Z'（高阻态）、'X'（强未知的）。

（2）std_logic_vector：标准逻辑位矢量。std_logic 的组合。

注意：使用这两种数据时，程序中必须声明：

```
LIBRARY IEEE;
USE IEEE. STD_LOGIC_1164. ALL
```

Std_Logic 数据类型，IEEE std_logic_ 1164 中定义的一种数据类型，它包含的9种取值分别为：

| 'U' | 未初始化 | 用于仿真 |
| 'X' | 强未知 | 用于仿真 |
| '0' | 强0 | 用于综合与仿真 |
| '1' | 强1 | 用于综合与仿真 |
| 'Z' | 高阻 | 用于综合与仿真 |
| 'W' | 弱未知 | 用于仿真 |
| 'L' | 弱0 | 用于综合与仿真 |
| 'H' | 弱1 | 用于综合与仿真 |
| '_' | 忽略 | 用于综合与仿真 |

注意：

目前，在设计中一般只使用 std_logic 类型，而很少使用 BIT 类型，以后所讲述的例程，对于逻辑信号的定义，均采用 std_logic 类型。

标准逻辑位矢量（std_logic_vector）是基于 std_vector 类型的数组。简而言之，std_logic_vector 和 std_vector 的关系就像 bit_vector 与 bit 的关系。

3. 用户自定义的数据类型

（1）Enumerated Types（枚举类型）

格式如下：

    TYPE　数据类型名 IS（元素 1，元素 2，…）；

例如：TYPE color IS（red，green，yellow，blue）；

    TYPE level IS（'0'，'1'，'Z'）；

在状态机描述中，常常使用枚举类型为每一状态命名。如：

    type　state_type is（start, step1, step2, final）；
    signal state: state_type;

这个例子为状体机定义了 4 个状态：start，step1，step2，final。表征当前状态的信号 state 就在这 4 个状态中取值。有关状态机的设计，将在项目八相关知识点中讲述。

（2）Array Types（数组类型）

格式如下：

    TYPE　数组名 IS ARRAY(范围) OF　数据类型；

例如：TYPE byte IS ARRAY（7 downto 0）OF bit；　－－1 byte ＝ 8 bits；

    TYPE word IS ARRAY(31 downto 0) OF bit;　－－1 word ＝ 32 bits;

## 四、VHDL 的文字规则

1. 标识符

标识符是 VHDL 语言最基本的要素之一，是使用 VHDL 语言的基础。标识符是描述 VHDL 语言中端口、信号、常数、变量以及函数等的名称的字符串。VHDL 标识符书写规则如下：

（1）使用的字符由 26 个英文字母、数字 0～9 以及下划线组成；

（2）标识符必须以英文字母开始，不区分大小写；

（3）不能以下划线结尾，不能有两个连续的下划线；

（4）标识符中不能有空格；

（5）标识符不能与 VHDL 的关键字重名。

（6）标识符字符最长可以是 32 个字符。

例如：CLK，QO，DAT1，SX_1，NOT_Q　是合法的标识符。

    3DA，_QD，NA__C，DB－A，DB_是非法的标识符。

2. 保留字

VHDL 中的保留字是具有特殊含义的标识符号，只能作为固定的用途，用户不能用保留字作为标识符。

例如：ENTITY，ARCHITECTURE，PROCESS，BLOCK，BEGIN 和 END 等。

VHDL 部分保留字：

| if | map | access | after | inout | constant | architecture |
|---|---|---|---|---|---|---|
| is | new | assert | alias | generic | disconnect | attribute |
| of | nor | begin | arry | group | open | componert |
| or | not | block | body | type | others | configuration |
| on | out | buffer | case | Function | package | select |
| to | rem | downto | else | Impure | port | signal |
| abs | rol | elseif | exit | Library | process | shared |
| all | ror | entity | file | linkage | pure | until |
| and | sla | nand | use | loop | range | units |
| bus | sll | then | xor | nand | record | wait |
| end | sra | when | xnor | next | reject | variable |
| for | srl | while | with | null | reture | transport |

3. VHDL 中的界符

界符是作为 VHDL 语言中两个部分的分隔符用的。如：

（1）每个完整的语句均以“；”结尾

（2）用双减号 − − 开头的部分是注释内容，不参加程序编译。

（3）信号的赋值符号是“ <= ”，变量的赋值符号是“：=”

常用的界符：

| , | : | ; | > | < | = |
|---|---|---|---|---|---|
| + | − | * | / | & | := |
| − − | _ | ( | ) | <= | |

4. 下标名

下标名用于指示数组变量或信号的某一元素。下标段名则用于指示数组型变量或信号的某一段元素。下标名的语句格式为：

标识符（表达式）；

例如：q（1）、row（3）等。

标识符必须是数组型变量或信号的名字，表达式代表的值必须是数组下标范围中的一个值，这个值将对应数组中的一个元素。如果这个表达式是一个可计算的值，则此操作数可以很容易地进行综合；如果是不可以计算的，则只能在特定的情况下综合，且耗费资源较大。

【例程 5】

```
SIGNAL a, b: BIT_VECTOR(0 TO 4);
SIGNAL n: INTEGER RANGE 0 TO 4;
SIGNAL x, y: BIT;
```

```
x <= a(n);                – –不可计算型下标表示
y <= b(4);                – –可计算型下标表示
```

5. 段名

段名对应数组中某一段的元素，是多个下标名的组合。其表达形式是：

标识符（表达式 方向 表达式）

标识符必须是数组类型的信号名或变量名，每个表达式的数值必须在数组元素下标号范围以内，并且必须是可计算的立即数。

方向用 TO 或者 DOWNTO 来表示，TO 表示数组下标序列由低到高（如 1 TO 6）；DOWNTO 表示数组下标序列由高到低（如 5 DOWNTO 2），注意段中两表达式值的方向必须与原数组一致。

【例程 6】

```
SIGNAL a, b: BIT_VECTOR(0 TO 5);
    a(0 TO 2) <= b(3 TO 5);
    a(3 TO 5) <= b(0 TO 2);
```

6. 求和操作符

求和操作符包括加、减和并置操作符。加减操作符的运算与常规的加减法一致，VHDL 规定它们操作数的数据类型是整数。对于位宽大于 4 的加法器和减法器，VHDL 综合器将调用库元件进行综合。

并置运算符（&）的操作数的数据类型是一维数组。可以利用并置运算符将普通操作数或数组组合起来形成各种新的数组，例如" a" &" b" 的结果为" ab"。连接操作常用于字符串。在运算过程中，要注意并置操作的前后数组长度一致。

【例程 7】

```
SIGNAL a: STD_LOGIC_VECTOR(3 DOWNTO 0);
SIGNAL b, c: STD_LOGIC_VECTOR(1 DOWNTO 0);
…
    a <= NOT b & NOT c:        – –数组与数组并置,并置后的数组长度为4
```

并置运算符"&"用于将多个元素或矢量连接成新的矢量。

```
Signal a: std_logic_vector(3 downto 0);
Signal b: std_logic_vector(1 downto 0);
Signal c: std_logic_vector(5 downto 0);
Signal d: std_logic_vector(4 downto 0);
Signal e: std_logic_vector(2 downto 0);
    …
    C <= a&b;                    – –矢量与矢量并置
    D <= a(1 downto 0) &b(1 downto 0) &'1';
    E <= b(0) &a(1) &'0';        – –元素与元素并置
```

# 项目四　时序逻辑电路设计

## 任务一　触发器

### 子任务一　边沿 D 触发器

1. 设计要求

设计一个边沿 D 触发器，以开关输入初值，以彩灯的亮灭反映输出的变化。

2. 任务分析

触发器：（Flip – Flop）能存储一位二进制信号的基本单元，用 FF 表示。触发器是构成时序逻辑电路的基本逻辑部件。

D 触发器的特点：

（1）有两个稳定的状态，用 0 和 1 表示；

（2）输入信号可以改变其状态，且输入信号撤销后，其改变后的状态可保留下来。

边沿触发器：次态只取决于时钟信号的上升沿（或下降沿）达到时刻的输入信号的状态。

3. 设计原理

边沿 D 触发器的特性见下表：

**表 4.1　边沿 D 触发器特性表**

| CP | D | $Q^{n+1}$ | 功能 |
|---|---|---|---|
| ↓ 或 0 或 1 | × | $Q^n$ | 保持 |
| ↑ | 0 | 0 | 置 0 |
| ↑ | 1 | 1 | 置 1 |

边沿 D 触发器的特性方程：$Q^{n+1} = D$（上升沿有效）

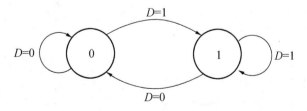

图 4.1　边沿 D 触发器状态图

4. 硬件要求

（1）主芯片 Altera EPM240T100C5。

（2）LED 彩灯（接输出，观察现象）。

（3）1 个拨码开关。

（4）电源模板和晶振模块（实验板配有 50MH 晶振，12 号引脚为脉冲输出口）。

5. 参考源程序

```
library ieee;
use ieee. std_logic_1164. all;
use ieee. std_logic_arith. all;
use ieee. std_logic_unsigned. all;

entity aa is
port
    ( cp, d: in std_logic;
        u: out std_logic_vector( 3 downto 0) ;
        q: buffer std_logic
);
end aa;

architecture one of aa is
signal cp1: std_logic;
begin
u <= "0111";

process( cp)  - - - - - - - -0. 5Hz, 2s
variable cnt1: integer range 0 to 20000;
variable cnt2: integer range 0 to 2500;
begin
if cp'event and cp = '1' then
    if cnt1 = 20000 then
        cnt1: = 0;
        if cnt2 = 2500 then
            cnt2: = 0;
            cp1 <= not cp1;
        else
            cnt2: = cnt2 + 1;
        end if;
    else
        cnt1: = cnt1 + 1;
    end if;
end if;
end process;

process( cp1, d)
```

```
begin
    if cp1′event and cp1 = ′1′ then - - - - - - - - - - 上升沿有效
     q <= d;
    end if;
  end process;
 end one;
```

## 6. 引脚分配

| | |
|---|---|
| cp | PIN_12 |
| d | PIN_30 |
| u[0] | PIN_66 |
| u[1] | PIN_67 |
| u[2] | PIN_68 |
| u[3] | PIN_69 |
| q | PIN_72 |

图 4.2　引脚分配图

## 7. 思考与练习

编写任意次分频的程序。

### 子任务二　边沿 JK 触发器

## 1. 设计原理

边沿 JK 触发器的特性见下表：

表 4.2　边沿 JK 触发器的特性表

| CP | $J$ | $K$ | $Q^{n+1}$ | 功能 |
|---|---|---|---|---|
| ↑或0或1 | × | × | $Q^n$ | 保持 |
| ↓ | 0 | 1 | 0 | 置0 |
| ↓ | 1 | 0 | 1 | 置1 |
| ↓ | 1 | 1 | $\overline{Q^n}$ | 翻转 |
| ↓ | 0 | 0 | $Q^n$ | 保持 |

边沿 JK 触发器的特性方程：$Q^{n+1} = J\,\overline{Q^n} + \overline{K}Q^n$（下升沿有效）

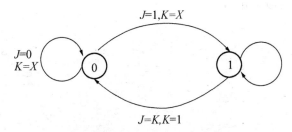

图 4.3　边沿 JK 触发器的状态图

2. 硬件要求

（1）主芯片 Altera EPM240T100C5。

（2）LED 彩灯（接输出，观察现象）。

（3）1 个拨码开关。

（4）电源模板和晶振模块（实验板配有 50MH 晶振，12 号引脚为脉冲输出口）。

3. 参考源程序

```vhdl
library ieee;
use ieee. std_logic_1164. all;
entity aa is
port
    ( cp, j, k: in std_logic;
        u: out std_logic_vector( 3 downto 0) ;
        q: buffer std_logic
);
end aa;

architecture one of aa is
signal cp1: std_logic;
begin
    u <= "1110";
process( cp)              - - 0. 5Hz, 2s
variable cnt1: integer range 0 to 20000;
variable cnt2: integer range 0 to 2500;
begin
if cp'event and cp = '1' then
    if cnt1 = 20000 then
            cnt1: = 0;
        if cnt2 = 2500 then
            cnt2: = 0;
            cp1 <= not cp1;
        else
            cnt2: = cnt2 + 1;
        end if;
    else
            cnt1: = cnt1 + 1;
    end if;
end if;
end process;

process( cp1, j, k)
begin
if cp1'event and cp1 = '0' then      - - 下降沿有效
```

```
if j = '1' and k = '0' then
        q <= '1';
elsif j = '0' and k = '1' then
        q <= '0';
elsif j = '1' and k = '1' then
            q <= not q;
    end if;
end if;
end process;
end one;
```

4. 引脚分配

| | |
|---|---|
| ▷ cp | PIN_12 |
| ▷ j | PIN_30 |
| ▷ k | PIN_33 |
| ◁ q | PIN_72 |
| ◁ u[0] | PIN_66 |
| ◁ u[1] | PIN_67 |
| ◁ u[2] | PIN_68 |
| ◁ u[3] | PIN_69 |

图 4.4　引脚分配图

# 任务二　单向移位寄存器

在数字电路中，用来存放二进制数据或代码的电路称为寄存器。寄存器是由具有存储功能的触发器组合起来构成的。一个触发器可以存储 1 位二进制代码，存放 $N$ 位二进制代码的寄存器，需由 $N$ 个触发器来构成。

按照功能的不同，可将寄存器分为基本寄存器和移位寄存器两大类。基本寄存器只能并行送入数据，需要时也能并行输出。移位寄存器中的数据可以在移位脉冲作用下依次逐位右移或左移，数据既可以并行输入，并行输出；也可以串行输入，串行输出；还可以并行输入，串行输出；串行输入，并行输出；十分灵活，用途也很广。

1. 设计要求

结合点阵来体现数据移位的现象，移位的时间间隔为 1s。设一个开关，当开关闭合时，可以用 4 个开关设定移位的初值。当开关打开时，点阵移位（即数据移位）。

2. 任务分析

单向移位寄存器具有以下主要特点：

（1）单向移位寄存器中的数码，在 CP 脉冲操作下，可以依次右移或左移。

（2）$N$ 个单向移位寄存器可以寄存 $N$ 位二进制代码。$N$ 个 CP 脉冲即可完成串行输入工作，此后可从 $Q0 \sim Qn-1$ 端获得并行的 $N$ 位二进制数码，再用 $N$ 个脉冲又可以实现串行输出操作。

（3）若串行输入端状态为 0，则 $N$ 个 CP 脉冲后，寄存器便被清零。

以四位右移位寄存器为例：

表 4.3　右移移位寄存器特性表

| Ld | CP | D | Q | 功能 |
|----|----|----|----|----|
| 1 | X | D | D | 异步置数 |
| 0 | ↑ | D | | 循环右移 |

3. 设计原理

移位寄存器输出数据移位的体现：点阵。可用点阵上的 LED 灯亮灭转换来表现数据移位。

拓展：数据的移位用数码管来显示。例如：输出为"0001"时，数码管对应显示字形 0001，数据移位，字形跟着改变。

4. 硬件要求

（1）主芯片 Altera EPM240T100C5。

（2）8×8 矩形点阵（接输出，观察现象）。

（3）五个拨码开关。（一个控制开关，四个赋值调节开关）

（4）电源模板和晶振模块（实验板配有 50MH 晶振，12 号引脚为脉冲输出口）。

5. 参考源程序

```vhdl
library ieee;
use ieee. std_logic_1164. all;
use ieee. std_logic_arith. all;
use ieee. std_logic_unsigned. all;

entity aa is
port
    ( cp: in std_logic;
      k: in std_logic;
      q: in std_logic_vector(3 downto 0);
      n1: out std_logic_vector(7 downto 0);
      b: buffer std_logic_vector(3 downto 0);
      p: out std_logic_vector(3 downto 0)
);
end aa;

architecture one of aa is
signal cp1: std_logic;
begin
    n1 <= "11111110";
    p <= "0000";
    - - - - - - - - - - - - - - - - -脉冲分频- - - - - - - - - - - - - -
process( cp)          - -1Hz
```

```
variable cnt1: integer range 0 to 10000;
variable cnt2: integer range 0 to 2500;
begin
if cp′event and cp = ′1′ then
    if cnt1 = 10000 then
            cnt1: = 0;
        if cnt2 = 2500 then
            cnt2: = 0;
            cp1 <= not cp1;
        else
            cnt2: = cnt2 + 1;
        end if;
        else
            cnt1: = cnt1 + 1;
        end if;
end if;
end process;
```

```
process( k, cp1, q)
variable dd: std_logic_vector( 3 downto 0) ;
begin
if k = ′1′ then
    b <= q;
elsif cp1′event and cp1 = ′1′ then
    dd( 2 downto 0) : = b( 3 downto 1) ;
        b <= dd;
end if;
end process;
end one;
```

## 6. 引脚分配

| q[0] | PIN_36 |
|---|---|
| q[1] | PIN_37 |
| q[2] | PIN_38 |
| q[3] | PIN_39 |
| n1[7] | PIN_73 |
| n1[6] | PIN_74 |
| n1[5] | PIN_75 |
| n1[4] | PIN_76 |
| n1[3] | PIN_77 |
| n1[2] | PIN_78 |
| n1[1] | PIN_81 |
| n1[0] | PIN_82 |

| b[3] | PIN_83 |
|---|---|
| b[2] | PIN_84 |
| b[1] | PIN_85 |
| b[0] | PIN_86 |
| p[3] | PIN_87 |
| p[2] | PIN_88 |
| p[1] | PIN_89 |
| p[0] | PIN_90 |

图 4.5　引脚分配图

7. 思考与练习

（1）怎样让移位循环?

（2）以数码管的形式显示字形，并移位。（提示：数码管的动态扫描；基本字形
'0'，'1' 的字形代码）

参考:

```
library ieee;
use ieee. std_logic_1164. all;
use ieee. std_logic_arith. all;
use ieee. std_logic_unsigned. all;

entity aa is
port
    ( cp: in std_logic;
      k: in std_logic;
      q: in std_logic_vector( 3 downto 0) ;
    row: out std_logic_vector( 5 downto 0) ;
      m: out std_logic_vector( 6 downto 0)
    ) ;
end aa;

architecture one of aa is
signal cp1, cp2: std_logic;
signal b: std_logic_vector( 3 downto 0) ;
signal a, g, r, p: integer range 0 to 1;     - -0,1 数码管输出
signal d: integer range 0 to 3;                - -数码管显示 4 个

begin

- - - - - - - - - - - - -脉冲分频- - - - - - - - - - -
process( cp)                - -1Hz
variable cnt1: integer range 0 to 10000;
variable cnt2: integer range 0 to 2500;
begin
if cp'event and cp = '1' then
    if cnt1 = 10000 then
            cnt1: = 0;
        if cnt2 = 2500 then
            cnt2: = 0;
            cp1 <= not cp1;
        else
            cnt2: = cnt2 + 1;
```

```vhdl
        end if;
    else
        cnt1: = cnt1 + 1;
    end if;
end if;
end process;
```

---

```vhdl
process( cp)
variable cnt1: integer range 0 to 2;
variable cnt2: integer range 0 to 2;
begin
    if cp'event and cp = '1' then
        if cnt1 = 2 then
            cnt1: = 0;
            if cnt2 = 2 then
                cnt2: = 0;
                cp2 <= not cp2;
            else
                cnt2: = cnt2 + 1;
            end if;
        else
            cnt1: = cnt1 + 1;
        end if;
    end if;
end process;
```

---

```vhdl
process( k, cp1, q)
variable dd: std_logic_vector( 3 downto 0) ;
begin
if k = '1' then
    b <= q;
elsif cp1'event and cp1 = '1' then
    dd( 2 downto 0): = b( 3 downto 1) ;
    dd( 3): = b( 0) ;
    b <= dd;
end if;
end process;
```

---

```vhdl
process( b) ----------数码管输出代表 1 和 0
begin
```

```vhdl
    if b(0) <= '0' then
        a <= 0;
    else
        a <= 1;
    end if;
    if b(1) <= '0' then
        g <= 0;
    else
        g <= 1;
    end if;
    if b(2) <= '0' then
        r <= 0;
else
    r <= 1;
    end if;
    if b(3) <= '0' then
        p <= 0;
else
    p <= 1;
    end if;
end process;
```

- - - - - - - - - - - - - - - - - - - - - - - - - - - - - - - - - - - -

```vhdl
process( cp2)
variable num: integer range 0 to 3;
begin
if rising_edge( cp2)  then
    if d = 3 then
        d <= 0;
    else
        d <= d + 1;
    end if;
case d is
    when 0 => row <= "111110";
        num: = a;
    when 1 => row <= "111101";
        num: = g;
    when 2 => row <= "111011";
        num: = r;
    when 3 => row <= "110111";
        num: = p;
    when others => row <= "110000";
        num: = 0;
```

```
        end case;
        case num is
            when 0 => m <= "0111111";
            when 1 => m <= "0000110";
            when others => m <= "0000000";
        end case;
        end if;
        end process;


        end one;
```

| | |
|---|---|
| row[5] | PIN_1 |
| row[4] | PIN_2 |
| row[3] | PIN_3 |
| row[2] | PIN_4 |
| row[1] | PIN_5 |
| row[0] | PIN_6 |
| cp | PIN_12 |
| k | PIN_30 |
| q[3] | PIN_36 |
| q[2] | PIN_37 |
| q[1] | PIN_38 |
| q[0] | PIN_39 |

| | |
|---|---|
| m[0] | PIN_91 |
| m[1] | PIN_92 |
| m[2] | PIN_95 |
| m[3] | PIN_96 |
| m[4] | PIN_97 |
| m[5] | PIN_98 |
| m[6] | PIN_99 |

图 4.6　引脚分配图

# 任务三　双向移位寄存器

双向移位寄存器：在单向移位寄存器基础上增加一个开关，当要求开关闭合时，向右移位；当要求开关断开时，向左移位。

表 6.4　双向移位寄存器特性表

| LOAD | LEFT_RIGHT | CLK | D | Q |
|:---:|:---:|:---:|:---:|:---:|
| 1 | × | × | D | 异步置数 $Q = D$ |
| 0 | 0 | ↑ | D | 循环右移 |
| 0 | 1 | ↑ | D | 循环左移 |

源程序：

（1）定义为变量

```
library ieee;
use ieee. std_logic_1164. all;
use ieee. std_logic_arith. all;
use ieee. std_logic_unsigned. all;
```

```
entity aa is
port
   ( cp: in std_logic;
     k, right: in std_logic;
     q: in std_logic_vector( 3 downto 0) ;
     n1: out std_logic_vector( 7 downto 0) ;
     b: buffer std_logic_vector( 3 downto 0) ;
     p: out std_logic_vector( 3 downto 0)
);
end aa;

architecture one of aa is
signal cp1: std_logic;

begin
n1 <= "11111110";
p <= "0000";
-- -- -- -- -- -- -- -- -- -- -- -脉冲分频- -- -- -- -- -- -- -- -- -- --
process( cp) - -1Hz
variable cnt1: integer range 0 to 10000;
variable cnt2: integer range 0 to 2500;
begin
if cp'event and cp = '1' then
if cnt1 = 10000 then
cnt1: = 0;
if cnt2 = 2500 then
cnt2: = 0;
cp1 <= not cp1;
else
cnt2: = cnt2 + 1;
end if;
else
cnt1: = cnt1 + 1;
end if;
end if;
end process;
-- -- -- -- -- -- -- -- -- -- -- -- -- -- -- -- -- -- -- -- -- -- -- -- -- -- -- --
process( k, right, cp1, q)
variable dd: std_logic_vector( 3 downto 0) ;
begin
if k = '1' then
   b <= q;
```

```
elsif cp1′event and cp1 = ′1′ then
if right = ′1′ then
dd(2 downto 0) : = b(3 downto 1);
dd(3) : = b(0);
else
dd(3 downto 1) : = b(2 downto 0);
dd(0) : = b(3);
end if;
b <= dd;
end if;
end process;
end one;
```

## (2) 定义为信号

```
library ieee;
use ieee. std_logic_1164. all;
use ieee. std_logic_arith. all;
use ieee. std_logic_unsigned. all;


entity aa is
port( cp: in std_logic;
     k, right: in std_logic;
     q: in std_logic_vector(3 downto 0);
     n1: out std_logic_vector(7 downto 0);
       b: buffer std_logic_vector(3 downto 0);
       p: out std_logic_vector(3 downto 0)
);
end aa;


architecture one of aa is
signal dd: std_logic_vector(3 downto 0);
signal cp1: std_logic;
begin
n1 <= "11111110";
p <= "0000";
− − − − − − − − − − − − − − − − − − − −脉冲分频
process( cp) − − 1Hz
variable cnt1: integer range 0 to 10000;
variable cnt2: integer range 0 to 2500;
begin
if cp′event and cp = ′1′ then
if cnt1 = 10000 then
cnt1: = 0;
```

```
if cnt2 = 2500 then
cnt2: = 0;
cp1 <= not cp1;
else
cnt2: = cnt2 + 1;
end if;
else
cnt1: = cnt1 + 1;
end if;
end if;
end process;
```

- - - - - - - - - - - - - - - - - - - - - - - - - - - - - - - - - - - - - - - - -

```
process( k, right, cp1, q)
begin
if k = '1' then
  dd <= q;
   b <= q;
elsif cp1'event and cp1 = '1' then
if right = '1' then
dd( 2 downto 0) <= b( 3 downto 1) ;
dd( 3) <= b( 0) ;
else
dd( 3 downto 1) <= b( 2 downto 0) ;
dd( 0) <= b( 3) ;
end if;
b <= dd;
end if;
end process;
end one;
```

| | | | | |
|---|---|---|---|---|
| cp | PIN_12 | | n1[3] | PIN_77 |
| k | PIN_30 | | n1[2] | PIN_78 |
| right | PIN_33 | | n1[1] | PIN_81 |
| q[0] | PIN_36 | | n1[0] | PIN_82 |
| q[1] | PIN_37 | | b[3] | PIN_83 |
| q[2] | PIN_38 | | b[2] | PIN_84 |
| q[3] | PIN_39 | | b[1] | PIN_85 |
| n1[7] | PIN_73 | | b[0] | PIN_86 |
| n1[6] | PIN_74 | | p[3] | PIN_87 |
| n1[5] | PIN_75 | | p[2] | PIN_88 |
| n1[4] | PIN_76 | | p[1] | PIN_89 |
| | | | p[0] | PIN_90 |

图 6.7  引脚分配图

拓展：①增加移位数据的长度；②以前面单向移位为例，用数码管形式显示。

# 相关知识

## 一、数据对象

数据对象是数据类型的载体，可以接受赋值的目标，VHDL 中的数据对象主要有 3 类：信号（SIGNAL）、变量（VARIABLE）和常量（CONSTANT）。

对象的说明格式为：

　　对象类别　标识符：数据类型 ［：＝初值］

1. 常量

常量是一个恒定不变的值，如果做了数据类型和赋值定义，在程序中就不能再改变。常量的设置是为了使设计实体中的常数更容易阅读和修改。常量具有全局性意义。

作用：

（1）保证该常数描述的那部分数据在程序中不会因为误操作被改变；

（2）对程序中的某些关键数值进行命名，可以提高程序的可读性；

（3）将出现次数较多的关键数值用常数表示，可以使程序易于修改：只需修改常量就可以替换所有相关数值。

常量说明的一般格式如下例所示：

```
constant    WIDTH：INTEGER ：= 8；
constant    dely：time ：= 25 ns；        - -定义某个模块延迟时间
```

【例程1】偶数倍分频电路程序

```
library ieee;
use ieee. std_logic_1164. all;
use ieee. std_logic_arith. all;
use ieee. std_logic_unsigned. all;

entity fredevider8 is
port
  (clkin : in std_logic;
   clkout : out std_logic
  );
end;
architecture devider of fredevider8 is
constant n: integer:= 3;        - -常量的声明
signal counter: integer range 0 to n;
signal clk: std_logic;
begin
  process (clkin)
```

```
begin
    if   rising_edge( clkin)  then
        if counter = n then
            counter <= 0;
            clk <= not  clk;
        else
            counter <= counter + 1;
        end if;
    end if;
end process;
    clkout <= clk;
end;
```

仿真波形:

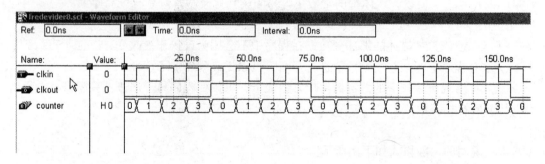

2. 变 量

变量只能在进程和子程序中使用, 主要用于描述算法和方便程序中的数值运算。

定义变量的语法格式如下:

  VARIABLE   变量名: 数据类型 [ := 初始值]

注意: 尽管 VHDL 允许给信号和变量设置初始值, 但初始值的设置不是必需的, 且初始值仅在仿真时有效, 在综合时是没有意义的。

例:

  variable A, B : BIT;

  variable b : bit_vector (0 to 5);   - -定义 b 为数组型变量

变量赋值语句的语法格式如下:

  目标变量名:=   表达式

整体赋值:

  temp:= "10101010";        - -赋值标志是 ": = ="

  temp:= x" AA";

逐位赋值:

  temp (7) := '1';          - -逐位赋值用单引号' '

多位赋值：

    temp（7 downto 4）:="1010"；    --多位赋值用双引号""

表达式可以是一个数值，也可以是一个与目标变量数据类型相同的变量，或者是运算表达式。例如：（注意变量、信号声明的位置）

Process   （…）

    variable  a，b，c：integer  range  0 to  31；

    begin

        a:=5；            --表达式为数值

        b:=a；            --表达式为与目标变量数据类型相同的变量

        c:=a+b+2；      --表达式为运算表达式

        …

End；

注意：变量是一个抽象的值，它不与任何实际电路连线相对应，因此它的赋值是立即生效的。只有在描述一些算法时，才用到变量。

3. 信号

信号可以将结构体中分离的并行语句连接起来，并且通过端口与该设计内的其他模块连接起来。

信号为器件内部节点信号，数据的进出不像端口信号那样受限制，不必定义其端口模式。

定义信号的目的是为了在设计电路时使用该信号。

    用"<="来给信号赋值

    SIGNAL 信号名：数据类型［:=初始值］；--初始值仅在仿真时有意义

例：

    signal A，B：std_logic；

【例程2】端口与信号的异同点：

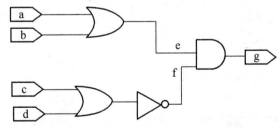

    LIBRARY ieee；

    USE ieee. std_logic_1164. all；

    ENTITY simp IS

    PORT( a，b，c，d：IN Std_Logic；    --端口信号的声明

              g：OUT Std_Logic)；

    END simp；

```
ARCHITECTURE logic OF simp IS
SIGNAL e, f :  Std_Logic;              - -信号的声明
BEGIN
e  <=  a or b;
f <= not( c or d) ;
g  <= e and f;
END ;
```

从图中可以看出，信号与端口（port）之间的相似之处和差异点：

（1）信号与端口都描述了电路中实际存在的节点（node），只是信号描述的是实体内部的节点，而端口则描述的是实体与外界的接口。

（2）对比信号声明与端口声明的格式，除了端口声明中规定了方向之外，两者无任何差别。

因此，信号赋值语句的格式同样适用于端口。

信号赋值语句格式：

　　　目标信号名  <=  表达式

例：

```
……
SIGNAL temp ：Std_Logic_Vector（7 downto 0）;
```

整体赋值：

```
temp  <=  "10101010";        - - 赋值标志是 " <= "
temp  <=  x" AA" ;
```

逐位赋值：

```
temp （7） <=  '1';           - -逐位赋值用单引号' '
```

多位赋值：

```
temp （7 downto 4） <=  "1010";     - -多位赋值用双引号" "
```

信号赋值语句同样适用于位矢量（bit_vector）和标准逻辑矢量（std_logic_vector），只要赋值符号左、右两边的位数相同即可。

【例程 3】矢量信号赋值

```
Entity assignment is
Port
  ( a:  in std_logic_vector( 7 downto 0) ;
   b:  in std_logic_vector( 0 to 7) ;
   c:  out std_logic_vector( 0 to 7)
  ) ;
architecture dataflow of assignment is
  signal temp: std_logic_vector( 7 downto 0) ;
    Begin
      temp （3 downto 0）  <=  a( 3 downto 0) ;
      temp （7 downto 4）  <=  b( 0 to 3) ;
```

```
    c <= not temp;      --若两个矢量的位数相同,则整体赋值时可不必限定范围
```

```
end;
```

总结：信号和变量的作用范围如下图所示。

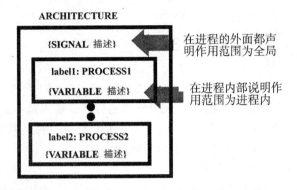

具体程序中的声明位置如下：

```
Architecture … Of … Is
    Signal  信号名 1:数据类型;     --信号的声明在结构体内,进程外部
    …
    Signal  信号名 n:数据类型;
Begin
        process(…)                 --变量的声明在进程内部,进程中的 BEGIN 前面
        variable  变量名 1:数据类型;
        …
        variable  变量名 n:数据类型;
        begin
        …
    end process;
    End;
```

4. 信号和变量的区别

（1）变量是局部、暂时性数据对象，它的有效性只局限于一个进程或一个子程序中，在进程内部定义。

（2）变量的赋值是立即发生的，而不是在进程结束时进行。同一进程中，同一信号赋值目标有多个赋值源时，信号赋值目标获得的是最后一个赋值源的赋值。

（3）信号赋值符和变量赋值符的区别：

|  | 信号 | 变量 |
|---|---|---|
| 赋值符号 | <= | := |
| 功能 | 电路的内部连接 | 内部数据交换 |
| 作用范围 | 全局，进程和进程之间的通信 | 进程的内部 |
| 行为 | 延迟一定时间后才赋值 | 立即赋值 |

# 项目五  编码器

## 任务一  8-3 优先编码器

**1. 任务要求**

（1）用 VHDL 语言设计一个优先 8-3 编码器的程序，输入是十进制 $0\sim7$，输出是对应的是 3 位二进制数。但当多个输入时，优先输出大的数对应的二进制数。

（2）编写完程序之后并在开发系统上进行硬件测试。

**2. 任务分析**

优先编码器允许多个输入信号同时有效。设计时所有输入信号已按优先顺序排队。其中优先级别高的信号排斥级别低的，具有单方面排斥的特性。

以 8-3 优先编码器为例：设 $I_7$ 的优先级别最高，$I_6$ 次之，依此类推，$I_0$ 最低。

| 输入 | | | | | | | | 输出 | | |
|---|---|---|---|---|---|---|---|---|---|---|
| $I_7$ | $I_6$ | $I_5$ | $I_4$ | $I_3$ | $I_2$ | $I_1$ | $I_0$ | $Y_2$ | $Y_1$ | $Y_0$ |
| 1 | × | × | × | × | × | × | × | 1 | 1 | 1 |
| 0 | 1 | × | × | × | × | × | × | 1 | 1 | 0 |
| 0 | 0 | 1 | × | × | × | × | × | 1 | 0 | 1 |
| 0 | 0 | 0 | 1 | × | × | × | × | 1 | 0 | 0 |
| 0 | 0 | 0 | 0 | 1 | × | × | × | 0 | 1 | 1 |
| 0 | 0 | 0 | 0 | 0 | 1 | × | × | 0 | 1 | 0 |
| 0 | 0 | 0 | 0 | 0 | 0 | 1 | × | 0 | 0 | 1 |
| 0 | 0 | 0 | 0 | 0 | 0 | 0 | 1 | 0 | 0 | 0 |

图 5.1  8-3 优先编码器真值表

**3. 设计原理**

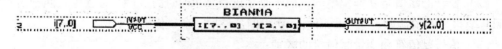

图 5.2  设计原理图

**4. 硬件要求**

含有芯片 EPM240T100C5 的开发板、下载线与电源线。8 个开关，3 个 LED 灯（开关是拨码开关，由于 EPM240 开发板上没有独立的 LED 灯，所以用三个数码管 a、b、c 代替 3 个 LED 灯）。

5. 源程序（ * . vhd）

```vhdl
library ieee;
use ieee. std_logic_1164. all;

entity bianma_3 is
port(
        i : in std_logic_vector( 7 downto 0) ;
        y : out std_logic_vector( 2 downto 0)    ) ;

end    bianma_3;
architecture  one  of  bianma_3   is
begin
process( i)
begin
    if i( 7) = '1' then y <= "111";
  elsif i( 6) = '1' then y <= "110";
  elsif i( 5) = '1' then y <= "101";
  elsif i( 4) = '1' then y <= "100";
  elsif i( 3) = '1' then y <= "011";
  elsif i( 2) = '1' then y <= "010";
   elsif i( 1) = '1' then y <= "001";
   elsif i( 0) = '1' then y <= "000";
  end if;
  end process;
  end one;
```

6. 引脚分配图

|  |  | Node Name | Direction | Location | I/O Bank |
|---|---|---|---|---|---|
| 1 | ⏵ | i[7] | Input | PIN_39 | 1 |
| 2 | ⏵ | i[6] | Input | PIN_38 | 1 |
| 3 | ⏵ | i[5] | Input | PIN_37 | 1 |
| 4 | ⏵ | i[4] | Input | PIN_36 | 1 |
| 5 | ⏵ | i[3] | Input | PIN_35 | 1 |
| 6 | ⏵ | i[2] | Input | PIN_34 | 1 |
| 7 | ⏵ | i[1] | Input | PIN_33 | 1 |
| 8 | ⏵ | i[0] | Input | PIN_30 | 1 |
| 9 | ⏴ | y[2] | Output | PIN_95 | 2 |
| 10 | ⏴ | y[1] | Output | PIN_92 | 2 |
| 11 | ⏴ | y[0] | Output | PIN_91 | 2 |
| 12 |  | <<new node>> |  |  |  |

图 5.3   引脚分配图

（此处由于天祥 EPM240 开发板上没有独立的 LED 灯，所以用三个数码管来表示）

7. 思考与练习

如果用 LED 彩灯来代替数码管，程序该如何改动？

# 任务二  普通8-3编码器

1. 任务要求

（1）用 VHDL 语言设计一个普通8-3编码器的程序，输入是十进制0～7，输出是对应的是3位二进制数。

（2）编写完程序之后并在开发系统上进行硬件测试。

2. 任务分析

用一定位数的二进制数来表示十进制数码、字母、符号等信息称为编码。实现编码操作的电路称为编码器。编码器分为普通编码器和优先编码器。普通编码器任何时刻只允许一个输入有效。特点为"或"逻辑关系。

以普通8-3编码器为例：输入8个互斥的信号，输出3位二进制代码。

| 输入 | 输出 | | |
|------|------|------|------|
| | $Y_2$ | $Y_1$ | $Y_0$ |
| $I_0$ | 0 | 0 | 0 |
| $I_1$ | 0 | 0 | 1 |
| $I_2$ | 0 | 1 | 0 |
| $I_3$ | 0 | 1 | 1 |
| $I_4$ | 1 | 0 | 0 |
| $I_5$ | 1 | 0 | 1 |
| $I_6$ | 1 | 0 | 0 |
| $I_7$ | 1 | 1 | 1 |

图5.4  普通8-3编码器真值表

3. 设计原理

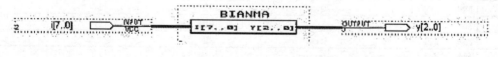

图5.5  设计原理图

4. 硬件要求

含有芯片 EPM240T100C5 的开发板、下载线与电源线。8个开关、3个 LED 灯（开关是拨码开关，由于 EPM240 开发板上没有独立的 LED 灯，我们只好用三个数码管 a、b、c 代替3个 LED 灯）。

5. 源程序（*.vhd）

```
library ieee;
use ieee. std_logic_1164. all;
```

```
entity bianma_3 is
port(
        i : in std_logic_vector( 7 downto 0) ;
        y : out std_logic_vector( 2 downto 0)    ) ;
end bianma_3;

architecture one of bianma_3 is
begin
process( i)
begin
case i is
    when "00000001" => y <= "000";
    when "00000010" => y <= "001";
    when "00000100" => y <= "010";
    when "00001000" => y <= "011";
    when "00010000" => y <= "100";
    when "00100000" => y <= "101";
    when "01000000" => y <= "110";
    when "10000000" => y <= "111";
    when others => y <= "000";
end case;
end process;
end one;
```

6. 引脚分配图

|   |   | Node Name | Direction | Location | I/O Bank |
|---|---|---|---|---|---|
| 1 | | i[7] | Input | PIN_39 | 1 |
| 2 | | i[6] | Input | PIN_38 | 1 |
| 3 | | i[5] | Input | PIN_37 | 1 |
| 4 | | i[4] | Input | PIN_36 | 1 |
| 5 | | i[3] | Input | PIN_35 | 1 |
| 6 | | i[2] | Input | PIN_34 | 1 |
| 7 | | i[1] | Input | PIN_33 | 1 |
| 8 | | i[0] | Input | PIN_30 | 1 |
| 9 | | y[2] | Output | PIN_91 | 2 |
| 10 | | y[1] | Output | PIN_92 | 2 |
| 11 | | y[0] | Output | PIN_95 | 2 |

图 5.6　引脚分配图

(此处由于天祥 EPM240 开发板上没有独立的 LED 灯，所以用 3 个数码管来表示)

7. 思考与练习

如果用 LED 彩灯来代替数码管，程序该如何改动？

# 相关知识

VHDL 语言提供了大量的描述语言，其中顺序语句和并行语句是两大基本描述语句。在逻辑系统的设计中，这些语句从多侧面完整地描述了数字系统。这里主要介绍顺序描述语句的基本用法。

VHDL 语言大部分是顺序语句。顺序语句是相对于并行语句而言的。顺序语句的特点是每一条语句的执行顺序与它们的书写顺序基本一致。顺序语句只能出现在进程、块、函数和过程中。

顺序语句可以分为两类：一类是真正的顺序语句；另一类既是顺序语句，又是并行语句。VHDL 基本顺序语句包括：① 赋值语句；② 流程控制语句；③ 空操作语句；④ 等待语句；⑤ 子程序调用语句；⑥ 返回语句。

**一、赋值语句**

赋值语句的功能是将一个值或一个表达式的运算结果传递给某一数据对象，如信号或变量，或由此组成的数组。VHDL 设计实体内的数据传递以及对端口界面外部数据的读写都必须通过赋值语句的运行来实现。

赋值语句有两种，即信号赋值语句和变量赋值语句。每种赋值语句都由三个基本部分组成，即赋值目标、赋值符号和赋值源。赋值目标与赋值源的数据类型必须严格一致。

1. 赋值目标

赋值语句中有四种类型的赋值目标。

（1）标识符赋值目标

用简单的标识符作为信号或变量名，这类名字可作为标识符赋值目标。

（2）数组单元素赋值目标

数组单元素赋值目标表达式为：

标识符（下标名）

【例程 1】

```
        ……
        SIGNAL a, b: STD_LOGIC_VECTOR(0 TO 2);
        SIGNAL i: INTEGER RANGE 0 TO 3;
        SIGNAL x, y: STD_LOGIC;
                    - -有关的定义和进程语句,以下相同
        …
    a( i ) <= x;          - -对文字下标信号元素赋值
    b( 2 ) <= y;          - -对数值下标信号元素赋值
        …
```

（3）段下标元素赋值目标

段下标元素赋值目标表达式为：

标识符（下标指数 1 TO │ DOWNTO 下标指数 2）

标识符含义同上。括号中的两个下标指数必须用具体数值来表示，并且数值范围必须在所定义的数组下标范围内，两个下标数的排序方向要符合方向关键词 TO（或 DOWN-TO）。

【例程 2】

```
……
VARIABLE x, y: STD_LOGIC_VECTOR(1 TO 3);
……
x(1 TO 2):= "10";          --等效于 x(1):='1', x(2):='0'
y(1 TO 3):= "101";         --等效于 y(1):='1', y(2):='0', y(3):='1'
```

（4）集合块赋值目标

参看例程中变量 com 的赋值情况：

【例程 3】

```
……
com:= (2 ms, 1, 3);                  --整体赋值位置关联方式
com:= (a2 =>1, a1 =>2 ms, a3 =>3);   --整体赋值名字关联方式

com. a1:= 2 ms;                      --等价单个元素赋值方式
com. a2:= 1;
com. a3:= 3;
```

2. 信号赋值语句

信号赋值语句的书写格式为：

  信号赋值目标 <= 赋值源；

"<="是信号赋值符号。信号具有全局性特征，不但可作为一个设计实体内部各单元之间数据传送的载体，而且可通过信号与其他的实体进行通信。需要注意的是，信号的赋值并不是立即发生的，而是发生在一个进程结束时。

【例程 4】

```
……
SIGNAL a, b: STD_LOGIC;
PROCESS( a, b)
……
a <= '1';        --a 被赋值为 1
b <= '1';        --这里的 b 不是最后一个赋值语句, 故不作任何赋值操作
b <= '0';        --这是 b 最后一次赋值, 赋值有效, '0'把上面准备赋入的'1'覆盖
……
END PROCESS;
```

3. 变量赋值语句

变量赋值语句书写格式为：

  变量赋值目标:= 赋值源；

":="是变量赋值符号。变量具有局部特征，只能局限在所定义的进程、过程和子程序中。它是一个局部的、暂时性数据对象，它的赋值是立刻发生的，即赋值延迟时间

为零。

【例程 5】

```
……
VARIABLE a, b: STD_LOGIC;
……
a: = '1';        − −立即将 a 置为 1
b: = '0';        − −立即将 b 置为 0
a: = '0';        − −将 a 置入新值 0
b: = '1';        − −将 b 置入新值 1
…
```

4. 信号赋值语句与变量赋值的区别

赋值语句包括信号赋值语句和变量赋值语句。

信号赋值语句在进程与子程序之外是并行语句，在进程与子程序之内则为顺序语句；而变量赋值语句只存在于进程和子程序中。

信号赋值语句在进程中的执行机制比较特殊，下面通过例程及仿真波形来说明。

【例程 6】信号赋值语句在进程中的执行机制。

```
library ieee;
use ieee. std_logic_1164. all;

entity test_signal is
port
  ( reset, clock:  in std_logic;
  numa, numb:  out integer range 0 to 255
);
end;
architecture test of test_signal is
signal a, b:  integer range 0 to 255;      − −注意声明信号的位置
begin
    process( reset, clock)
    variable c:  integer range 0 to 255;      − −注意变量声明的位置
      begin
        if reset = ' 1' then            − − 系统复位时对 a, b, c 赋初值
            a <= 0;
            b <= 2;
            c: = 0;
        elsif rising_edge( clock) then      − −在每个时钟上升沿执行
            c: = c + 1;
            a <= c + 1;
            b <= a + 2;
        end if;
    end process;
    numa <= a;
```

```
            numb <= b;
        end;
```

仿真波形图如图5.7所示。

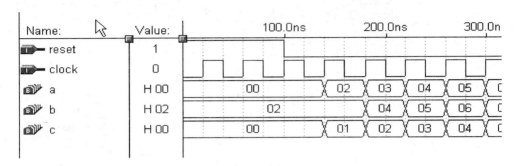

图5.7  仿真波形图

再次强调信号与变量的不同之处：

（1）声明形式和赋值符号不同。

（2）信号在结构体内、进程外定义；而变量在进程内定义。

（3）操作过程不相同。在进程中，变量赋值语句一旦被执行，目标变量立即被赋予新值，在执行下一条语句时，该变量的值为上一句赋的新值；而信号的赋值语句即使被执行，也不会使信号立即发生代入，下一条语句执行时，仍使用原来的信号值（信号是在进程挂起时才发生代入的）。

### 二、流程控制语句

流程控制语句通过条件控制决定是否执行顺序语句。通常有五种：IF 语句、CASE 语句、LOOP 语句、NEXT 语句和 EXIT 语句。这里主要介绍 IF 语句、CASE 语句。

1. IF 语句

IF 语句是根据指定的条件来执行指定顺序的语句。IF 语句可用于选择器、比较器、编码器、译码器和状态机的设计。IF 语句结构有三种。

第一种：

```
［标号:］    IF 条件句 THEN
                 顺序语句;
             END IF ［标号］;
```

当程序执行到 IF 语句时，首先检测 IF 后的条件表达式的布尔值是否为"TRUE"，如果条件为"TRUE"，将顺序执行"THEN"条件句中的各条语句，直到"END IF"；如果条件检测为"FALSE"，则跳过下面的顺序语句不执行。此种 IF 语句结构主要用于门控。

【例程7】

```
bh1: IF (a > b) THEN
        output <= '0';
        END IF bh1;
```

第二种:

```
[标号: ] IF 条件句 THEN
            顺序语句 1;
            ELSE
            顺序语句 2;
            END IF [标号];
```

【例程 8】

```
bh2: IF a = '1' OR b = '1' THEN
            c <=  '0';
        ELSE
            c <= '1';
        END IF;
```

第三种:

```
[标号: ]  IF 条件句 THEN
            顺序语句 1;
                ELSIF 条件句 THEN
                顺序语句 2;
                …
                ELSE
                顺序语句 n;
            END IF [标号];
```

【例程 9】

```
LIBRARY IEEE;
USE IEEE. STD_LOGIC_1164. ALL;
ENTITY mux41 IS
PORT( a, b, c, d: IN STD_LOGIC;
            EN: IN STD_LOGIC_VECTOR(1 DOWNTO 0);
            p: OUT STD_LOGIC);
END mux41;
ARCHITECTURE choice OF mux41 IS
SIGNAL ena: STD_LOGIC_VECTOR(1 DOWNTO 0);
BEGIN
    ena <= en;
    PROCESS( ena)
    BEGIN
    IF( ena = "00") THEN
            p <= a;
        ELSIF( ena = "01") THEN
            p <= b;
```

Mux_41

a
b
c
d
en
p

```
              ELSIF( ena = "10")  THEN
                    p <= c;
        ELSE( ena = "11")  THEN
                  p <= d;
        END IF;
            END PROCESS;
      END choice;
```

使用 IF 语句时的要点：

（1）IF 语句可以嵌套，但层数不宜过多。

（2）如例程 5.3 中，用 IF 语句描述异步复位信号和时钟时，只能用 IF_ELSIF_END IF 的格式，不能出现 ELSE。

（3）在进程中用 IF 语句描述组合逻辑电路时，务必覆盖所有的情况。

对于最后一点涉及到 IF 语句与综合结果的映射关系，理解起来有一点难度。可通过一个简单的例子来说明组合进程的设计要点。

2.　CASE 语句

CASE 语句用于两路或多分支判断结构，它以一个多值表达式为判断条件，依条件式的取值不同而实现多路分支。其格式为：

```
CASE   表达式   IS
    WHEN   选择值 = >顺序语句；    – –若有多个选择值，则用"｜"间隔
    WHEN   选择值 = >顺序语句；
    WHEN   OTHERS = >顺序语句；
END   CASE；
```

不是运算符，只表示一种对应关系。

【例程 10】case 语句描述的判断程序

```
……
Process( s)
Begin
Case   s   Is
    WHEN"00" => d <= b;           – –当 s = 00 时, d = b
    WHEN"01" => d <= c;           – –当 s = 01 时, d = c
    WHEN"10" => d <= NOT d;     – –当 s = 10 时, d = 非 b
    WHEN Others => d <= '0';    – –当 s = 其他时, d = 0
End Case;
```

【例程 11】4 选 1 数据选择器

```
ENTITY mux41 IS
  PORT
```

```
     ( a, b, c, d:    IN STD_LOGIC;
       cnt1:    IN STD_LOGIC_VECTOR(1 DOWNTO 0);
       p:    OUT STD_LOGIC
     );
END;


ARCHITECTURE choice OF mux41 IS
SIGNAL  able: STD_LOGIC_VECTOR(1 DOWNTO 0);
BEGIN
    able <= cnt1;
        PROCESS( able, a, b, c, d)
        BEGIN
          CASE able IS
            WHEN "00" => p <= a;
            WHEN "01" => p <= b;
            WHEN "10" => p <= c;
            WHEN "11" => p <= d;
            WHEN OTHERS => NULL;
          END CASE;
        END PROCESS;
END choice;
```

【例程 12】8 路 4 选 1 复用器

```
entity mux4 is
    port
        ( data0, data1, data2, data3: in std_logic_vector(7 downto 0);
          sel:    in std_logic_vector(1 downto 0);
        dout: out std_logic_vector(7 downto 0)
        );
    end;


architecture dataflow of mux4 is
    begin
    process( sel, data0, data1, data2, data3)
      begin
        case sel is
            when "00" => dout <= data0;
            when "01" => dout <= data1;
            when "10" => dout <= data2;
            when "11" => dout <= data3;
            when others => dout <= "00000000";
        end case;
      end process;
```

　　　　end;

　　使用 CASE 语句时应注意：

　　条件句的选择值应在表达式的取值范围内，除非所有条件句中的选择值能完全覆盖 case 语句中表达式的取值，否则最后一个条件句中的选择必须用"others"表示。

　　case 语句中每一条件句的选择值只能出现一次，不能有相同选择值的条件语句出现。也就是说，选择值不可重复或重叠。例如：不可同时出现两次 WHEN "00"，也不可同时出现 WHNE "00" ｜ "01" 和 WHEN "00" ｜ "11"（选择值"00"重叠）。

　　case 语句执行中必须选中且只能选中所列条件语句中的一条。

# 项目六 译码器

## 任务一 3-8译码器

**1. 设计要求**

（1）用VHDL语言设计一个3-8译码器的程序，输入是3位二进制数，输出是对应的十进制0～7。

（2）编写完程序之后并在开发系统上进行硬件测试。

**2. 任务分析**

将输入的二值代码转换成对应的高低电平信号，称为译码。它是编码的反操作。

实现译码操作的电路称为译码器。译码器分二进制译码器、十进制译码器及字符显示译码器，各种译码器的工作原理类似，设计方法也相同。

设二进制译码器的输入端为 $N$ 个，则输出端为 $2N$ 个，且对应于输入代码的每一种状态，$2N$ 个输出中只有一个为1（或为0），其余全为0（或为1）。

以3-8译码器为例：输入3位二进制代码，输出8个互斥的信号。

表6.1 3-8译码器真值表

| $A_2$ | $A_1$ | $A_0$ | $Y_0$ | $Y_1$ | $Y_2$ | $Y_3$ | $Y_4$ | $Y_5$ | $Y_6$ | $Y_7$ |
|---|---|---|---|---|---|---|---|---|---|---|
| 0 | 0 | 0 | 1 | 0 | 0 | 0 | 0 | 0 | 0 | 0 |
| 0 | 0 | 1 | 0 | 1 | 0 | 0 | 0 | 0 | 0 | 0 |
| 0 | 1 | 0 | 0 | 0 | 1 | 0 | 0 | 0 | 0 | 0 |
| 0 | 1 | 1 | 0 | 0 | 0 | 1 | 0 | 0 | 0 | 0 |
| 1 | 0 | 0 | 0 | 0 | 0 | 0 | 1 | 0 | 0 | 0 |
| 1 | 0 | 1 | 0 | 0 | 0 | 0 | 0 | 1 | 0 | 0 |
| 1 | 1 | 0 | 0 | 0 | 0 | 0 | 0 | 0 | 1 | 0 |
| 1 | 1 | 1 | 0 | 0 | 0 | 0 | 0 | 0 | 0 | 1 |

**3. 设计原理**

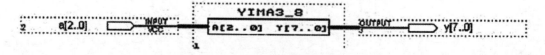

图6.1 3-8译码器设计原理

**4. 硬件要求**

主芯片EPM240T100C5，3个开关，8个LED灯。

5. 源程序 ( *. vhd)

```
library ieee;
use ieee. std_logic_1164. all;

entity yima3_8 is
port(
        a : in std_logic_vector( 2 downto 0) ;
        y : out std_logic_vector( 7 downto 0) ) ;
end yima3_8;
architecture behav of yima3_8 is
begin
with a select
y <= "00000001" when "000",
    "00000010" when "001",
    "00000100" when "010",
    "00001000" when "011",
    "00010000" when "100",
    "00100000" when "101",
    "01000000" when "110",
    "10000000" when "111",
    "00000000" when others;
end behav;
```

6. 引脚分配图

| | | Node Name | Direction | Location | I/O Bank |
|---|---|---|---|---|---|
| 1 | | a[2] | Input | PIN_34 | 1 |
| 2 | | a[1] | Input | PIN_33 | 1 |
| 3 | | a[0] | Input | PIN_30 | 1 |
| 4 | | y[7] | Output | PIN_100 | 2 |
| 5 | | y[6] | Output | PIN_99 | 2 |
| 6 | | y[5] | Output | PIN_98 | 2 |
| 7 | | y[4] | Output | PIN_97 | 2 |
| 8 | | y[3] | Output | PIN_96 | 2 |
| 9 | | y[2] | Output | PIN_95 | 2 |
| 10 | | y[1] | Output | PIN_92 | 2 |
| 11 | | y[0] | Output | PIN_91 | 2 |
| 12 | | <<new node>> | | | |

图 6.2　引脚分配图

（此外由于在 EMP240 开发板上没有 8 个 LED 灯，所以用 8 段数码管代替，每 1 段数码管代表 1 个 LED 灯）

7. 思考与练习

这个程序只能实现数码管的段显示，如果用数码管显示对应的数字该如何改动？

# 任务二  七段数码管显示译码器

**1. 设计要求**

（1）用 VHDL 语言设计一个可以实现以下功能的程序：输入是四位二进制数，输出是对应的十进制数。

（2）用 4 个开关代表 4 位二进制数，单个数码管显示对应的十进制数。

（3）编写完程序之后并在开发系统上进行硬件测试。

**2. 任务分析**

用来驱动各种显示器件，从而将用二进制代码表示的数字、文字、符号翻译成人们习惯的形式直观地显示出来的电路，称为显示译码器。

这种显示器可用多种发光器件构成。例如半导体发光二极管、液晶等。

下面以发光二极管的七段数码管显示译码器为例进行说明。

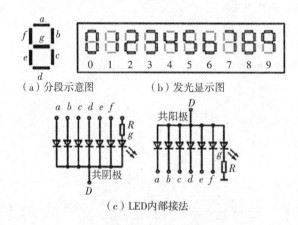

（a）分段示意图　　　（b）发光显示图

（c）LED内部接法

图 6.3　七段数码管

表 6.2　七段数码显示译码器真值表

| 序号 | $D_3$ | $D_2$ | $D_1$ | $D_0$ | a | b | c | d | e | f | g | 字形 |
|------|------|------|------|------|---|---|---|---|---|---|---|------|
| 0 | 0 | 0 | 0 | 0 | 1 | 1 | 1 | 1 | 1 | 1 | 0 | 8 |
| 1 | 0 | 0 | 0 | 1 | 0 | 1 | 1 | 0 | 0 | 0 | 0 | 8 |
| 2 | 0 | 0 | 1 | 0 | 1 | 1 | 0 | 1 | 1 | 0 | 1 | 8 |
| 3 | 0 | 0 | 1 | 1 | 1 | 1 | 1 | 1 | 0 | 0 | 1 | 8 |
| 4 | 0 | 1 | 0 | 0 | 0 | 1 | 1 | 0 | 0 | 1 | 1 | 8 |
| 5 | 0 | 1 | 0 | 1 | 1 | 0 | 1 | 1 | 0 | 1 | 1 | 8 |
| 6 | 0 | 1 | 1 | 0 | 0 | 0 | 1 | 1 | 1 | 1 | 1 | 8 |
| 7 | 0 | 1 | 1 | 1 | 1 | 1 | 1 | 0 | 0 | 0 | 0 | 8 |
| 8 | 1 | 0 | 0 | 0 | 1 | 1 | 1 | 1 | 1 | 1 | 1 | 8 |
| 9 | 1 | 0 | 0 | 1 | 1 | 1 | 1 | 0 | 0 | 1 | 1 | 8 |

## 3. 设计原理

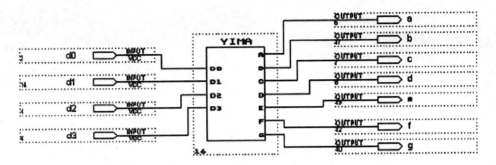

图 6.4 七段数码管显示译码器原理图

## 4. 硬件要求

主芯片 EPM240T100C5，4 个开关，1 个共阴七段数码管。

## 5. 源程序（∗.vhd）

```
library ieee;
use ieee. std_logic_1164. all;

entity yima is
port( l: out std_logic_vector( 5 downto 0) ;
    d0, d1, d2, d3: in std_logic;
    a, b, c, d, e, f, g: out std_logic) ;
end yima;
architecture behav of yima is
signal m: std_logic_vector( 3 downto 0) ;
signal seg7: std_logic_vector( 6 downto 0) ;
begin
l <= "011111";
m <= d3&d2&d1&d0;
with m select
seg7 <= "0111111" when "0000",

        "0000110" when "0001",
        "1011011" when "0010",
        "1001111" when "0011",
        "1100110" when "0100",
        "1101101" when "0101",
        "1111101" when "0110",
        "0000111" when "0111",
        "1111111" when "1000",
        "1100111" when "1001",
        "1110111" when "1010",
```

```
            "0111001" when "1011",
            "0111001" when "1100",
            "1011110" when "1101",
            "1111001" when "1110",
            "1110001" when "1111",
            "0000000" when others;
        g <= seg7(6);
        f <= seg7(5);
        e <= seg7(4);
        d <= seg7(3);
        c <= seg7(2);
        b <= seg7(1);
        a <= seg7(0);
    end behav;
```

6. 引脚分配图

| | | Node Name | Direction | Location | I/O Bank |
|---|---|---|---|---|---|
| 1 | | a | Output | PIN_91 | 2 |
| 2 | | b | Output | PIN_92 | 2 |
| 3 | | c | Output | PIN_95 | 2 |
| 4 | | d | Output | PIN_96 | 2 |
| 5 | | d0 | Input | PIN_30 | 1 |
| 6 | | d1 | Input | PIN_33 | 1 |
| 7 | | d2 | Input | PIN_34 | 1 |
| 8 | | d3 | Input | PIN_35 | 1 |
| 9 | | e | Output | PIN_97 | 2 |
| 10 | | f | Output | PIN_98 | 2 |
| 11 | | g | Output | PIN_99 | 2 |
| 12 | | <<new node>> | | | |

图6.5　引脚分配图

7. 思考与练习

（1）如果用两个数码管显示0101—1111对应的数字10—15，该如何操作？

（2）如果是8位二进制数的输入时，要对应显示十进制数，该如何写程序？

# 任务三　十进制计数器

1. 设计要求

运用 VHDL 语言设计一个简单的十进制计数器，用一个数码管显示 0～9。

2. 任务分析

简单的十进制计数器相当于数字电子钟所学的芯片 74LS192 等计数一样，主要是对脉冲的计数，并通过程序里的"译码器"输送给数码管，在数码管显示出相应的是数字。

## 3. 设计原理

图 6.6 设计原理图

## 4. 硬件要求

主芯片 EPM240T100C5，1 个共阴七段数码管。

## 5. 源程序（＊. vhd）

```
library ieee;
use ieee. std_logic_1164. all;
use ieee. std_logic_arith. all;
use ieee. std_logic_unsigned. all;

entity jishu is
port(
        clk : in std_logic;
        l: out std_logic_vector( 5 downto 0) ;
        y: out std_logic_vector( 6 downto 0) ) ;
end jishu;

architecture behieve of jishu is
signal i: integer range 0 to 9;
signal    clk_1k: std_logic;
begin
l <= "111110";
process( clk)
variable cnt1: integer range 0 to 2000;
variable cnt2: integer range 0 to 12500;
begin
    if clk′event and clk = ′1′then
        if cnt1 = 2000 then
            cnt1: = 0;
            if cnt2 = 12500 then
                cnt2: = 0;
                clk_1k <= not clk_1k;
            else
                cnt2: = cnt2 +1;
            end if;
        else
            cnt1: = cnt1 +1;
        end if;
```

```
        end if;
    end process;
    process(clk_1k)
    begin
    if clk_1k'event and clk_1k = '1' then
        if(i = 9) then
            i <= 0;
        else
            i <= i + 1;
        end if;
    end if;
    end process;


    process(i)
    begin
    case i is
        when 0 => y <= "0111111";
        when 1 => y <= "0000110";
        when 2 => y <= "1011011";
        when 3 => y <= "1001111";
        when 4 => y <= "1100110";
        when 5 => y <= "1101101";
        when 6 => y <= "1111101";
        when 7 => y <= "0000111";
        when 8 => y <= "1111111";
        when 9 => y <= "1101111";
    end case;
    end process;
    end behieve;
```

6. 引脚分配图

| | | Node Name | Direction | Location | I/O Bank |
|---|---|---|---|---|---|
| 1 | | clk | Input | PIN_12 | 1 |
| 2 | | I[5] | Output | PIN_6 | 1 |
| 3 | | I[4] | Output | PIN_5 | 1 |
| 4 | | I[3] | Output | PIN_4 | 1 |
| 5 | | I[2] | Output | PIN_3 | 1 |
| 6 | | I[1] | Output | PIN_2 | 1 |
| 7 | | I[0] | Output | PIN_1 | 2 |
| 8 | | y[6] | Output | PIN_99 | 2 |
| 9 | | y[5] | Output | PIN_98 | 2 |
| 10 | | y[4] | Output | PIN_97 | 2 |
| 11 | | y[3] | Output | PIN_96 | 2 |
| 12 | | y[2] | Output | PIN_95 | 2 |
| 13 | | y[1] | Output | PIN_92 | 2 |
| 14 | | y[0] | Output | PIN_91 | 2 |
| 15 | | <<new node>> | | | |

图 6.7　引脚分配图

7. 思考与练习

（1）模拟生活中的计数器，试着给这个计数器加上工作开关、清零开关、暂停功能，就上面的程序该做何改动？

（2）如果是 60 进制计数器呢？

# 任务四　六位数码管动态扫描显示电路设计与实现

1. 目的

（1）6 位串行连接的数码管动态扫描显示电路的设计。

（2）学习集成的设计方法。

2. 任务分析

串行连接，即每个数码管对应的引脚都连接在一起（如每个数码管的 a 引脚都接到一起，然后再接到 CPLD/FPGA 上的一个引脚上），通过控制公共端控制相应数码管的亮、灭（共阴极数码管的公共端为高电平时，LED 不亮；共阳极的公共端为低电平时，LED 不亮）。

串行法的优点在于消耗的系统资源较少，占用的 I/O 口少，$N$ 个数码管只需要（7 + $N$）个引脚，如果需要小数点，则是（8 + $N$）个引脚。其缺点是控制起来不如并行法容易。

下面介绍一个串行连接的七段数码管驱动程序，此例中使用了 6 个数码管。

编程提示：

（1）动态扫描显示其实就是利用了时分原理和人的视觉暂留现象。

（2）6 位扫描数码显示器将时间划分为 6 个扫描周期：周期 1→周期 2→周期 3→周期 4→周期 5→周期 6。

（3）每个周期只选通一位数据。在周期 1 显示第 1 个数码，周期 2 显示第 2 个数码。在扫描 6 个周期后，又重新按顺序循环。如果扫描的速度足够快，给人的感觉就是 6 个数码同时显示。

（4）6 位的扫描数码显示器共有 6 组 BCD 码（4 位）输入线、7 根七段译码输出线和 6 根位选通线。进入工作过程时，先从 6 组 BCD 数据中选出一组，通过 BCD 七段显示译码器译码后输出，然后选出下一组数据译码后输出。数据选择的时序和顺序由六进制计数器控制。与此同时，产生位选通信号。

3. 设计原理

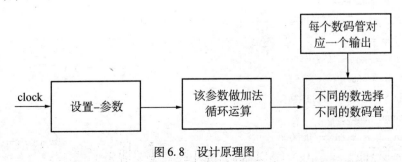

图 6.8　设计原理图

4. 硬件要求

主芯片 EPM240T100C5，6 个共阴七段数码管。

5. 源程序（＊. vhd）

```vhdl
library ieee;
use ieee. std_logic_1164. all;
use ieee. std_logic_unsigned. all;

entity display3 is
port(
        clock : in std_logic;
        numa, numb, numc, numd, nume, numf: in integer range 0 to 9;
        en: out std_logic_vector( 0 to 5) ;
        display: out std_logic_vector( 0 to 6)          - - ( a ～ g)
) ;
end;
architecture decoder of display3 is
signal counter: integer range 0 to 5;
begin
process( clock)
variable num: integer range 0 to 9;
begin
  if rising_edge( clock) then
    if counter = 5 then
        counter <= 0;
     else
        counter <= counter + 1;
end if;
case counter is
when 0 => en <= "011111";
   num: = numa;
when 1 => en <= "101111";
   num: = numb;
when 2 => en <= "110111";
   num: = numc;
when 3 => en <= "111011";
   num: = numd;
when 4 => en <= "111101";
   num: = nume;
when 5 => en <= "111110";
   num: = numf;
when others => en <= "000000";
   num: = 0;
```

```
        end case;
        case num is
        when 0 => display <= "1111110";
        when 1 => display <= "0110000";
        when 2 => display <= "1101101";
        when 3 => display <= "1111001";
        when 4 => display <= "0110011";
        when 5 => display <= "1011011";
        when 6 => display <= "0011111";
        when 7 => display <= "1110000";
        when 8 => display <= "1111111";
        when 9 => display <= "1110011";
        when others => display <= "0000000";
        end case;
        end if;
        end process;
        end;
```

6. 引脚分配图

| | | Node Name | Direction | Location | I/O Bank |
|---|---|---|---|---|---|
| 1 | | clock | Input | PIN_12 | 1 |
| 2 | | display[0] | Output | PIN_91 | 2 |
| 3 | | display[1] | Output | PIN_92 | 2 |
| 4 | | display[2] | Output | PIN_95 | 2 |
| 5 | | display[3] | Output | PIN_96 | 2 |
| 6 | | display[4] | Output | PIN_97 | 2 |
| 7 | | display[5] | Output | PIN_98 | 2 |
| 8 | | display[6] | Output | PIN_99 | 2 |
| 9 | | en[0] | Output | PIN_1 | 2 |
| 10 | | en[1] | Output | PIN_2 | 1 |
| 11 | | en[2] | Output | PIN_3 | 1 |
| 12 | | en[3] | Output | PIN_4 | 1 |
| 13 | | en[4] | Output | PIN_5 | 1 |
| 14 | | en[5] | Output | PIN_6 | 1 |
| 15 | | numa[3] | Input | PIN_35 | 1 |
| 16 | | numa[2] | Input | PIN_34 | 1 |
| 17 | | numa[1] | Input | PIN_33 | 1 |
| 18 | | numa[0] | Input | PIN_30 | 1 |
| 19 | | numb[3] | Input | PIN_39 | 1 |
| 20 | | numb[2] | Input | PIN_38 | 1 |
| 21 | | numb[1] | Input | PIN_37 | 1 |
| 22 | | numb[0] | Input | PIN_36 | 1 |
| 23 | | numc[3] | Input | | |
| 24 | | numc[2] | Input | | |
| 25 | | numc[1] | Input | | |

图 6.9  引脚分配图

7. 思考与练习

（1）如果用这六个数码管同时显示 123456，程序该怎么改动？

（2）若要手动使得不同时间亮一个不同的数码管（带使能端的六位数码管动态扫描），程序该如何改动？

（3）参考串行连接的七段数码管的程序，请写出并行连接的七段数码管程序。

（提示：并行连接，即每个数码管都由单独的译码电路控制，各数码管之间除地端 GND 接在一起外，其余引脚各不相关。并行法的优点是控制简单，有几个数码管就用几个译码管，不必修改程序，十分简便。但当系统所需数码管较多时，这种方法既耗资源，又占用较多的 I/O 口，$N$ 个数码管需占用 $7N$ 个引脚，若需要小数点，则是 $8N$ 个引脚。因此，此接法适合于系统中数码管数量不多的情况。）

# 相关知识

# VHDL 的并行语句

并行语句与一般软件程序的最大区别就是在结构体中的执行都是同时进行的，即它们的执行顺序与语法的书写顺序无关。这种并行性是由硬件本身的并行性决定的，一旦电路接通电源，各部分就会按照事先设计好的方案同时工作。

并行语句主要有块语句、进程语句（PROCESS）、并行信号赋值语句、并行过程调用语句、元件例化语句、生成语句（GENERATE）。下面将重点讲述进程语句（PROCESS）。

## 一、进程语句

进程语句是一段复合语句，由一段程序构成，各个进程之间是并行进行的，而进程的内部语句都是顺序执行的。一个结构体中可以包括多个进程语句，多个进程之间依靠信号（SIGNAL）来传递。

① 进程本身是并行语句，但其内部则为顺序语句。

② 进程只有在特定的时刻（敏感信号发生变化）才会被激活。

进程语句可用框图表示，如图 6.10 所示。

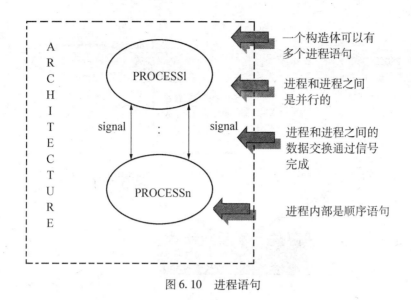

图 6.10 进程语句

1. 进程语句的格式

进程语句的格式如下：

　　　　［标号：］　　　　PROCESS（敏感信号表）

　　　　　　［说明语句］；－－－－－－定义一些局部变量

　　　　BEGIN

　　　　　　［顺序语句］；

　　　　END　PROCESS　［标号：］；

敏感信号表

进程赖以启动的敏感表。对于表中列出的任何信号的改变，都将启动进程，执行进程内相应顺序语句。

一些 VHDL 综合器，综合后对应进程的硬件系统对进程中的所有输入的信号都是敏感的，不论在源程序的进程中是否把所有的信号都列入敏感表中。

为了使软件仿真与综合后的硬件仿真对应起来，应当将进程中的所有输入信号都列入敏感表中。

【例程 1】

```
ENTITY if_case IS
PORT
    (a, b, c, d : IN Std_Logic;
sel : IN
Std_Logic_Vector(1 downto 0);
        y, z:  OUT Std_Logic);
END if_case;

ARCHITECTURE logic OF if_case IS
BEGIN
```

if_label:

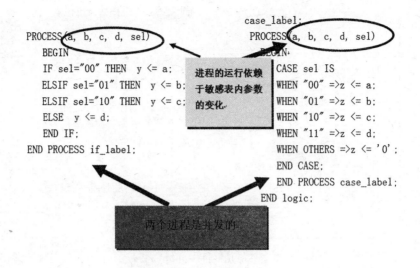

```
                                              case_label:
PROCESS(a, b, c, d, sel)          PROCESS(a, b, c, d, sel)
    BEGIN                             BEGIN
    IF sel="00" THEN  y <= a;         CASE sel IS
    ELSIF sel="01" THEN  y <= b;      WHEN "00" =>z <= a;
    ELSIF sel="10" THEN  y <= c;      WHEN "01" =>z <= b;
    ELSE  y <= d;                     WHEN "10" =>z <= c;
    END IF;                           WHEN "11" =>z <= d;
END PROCESS if_label;                 WHEN OTHERS =>z <= '0';
                                      END CASE;
                                      END PROCESS case_label;
                                  END logic;
```

进程的运行依赖于敏感表内参数的变化

两个进程是并发的

敏感表中敏感信号罗列有遗漏举例：

```
if_ label: PROCESS( oe)
        BEGIN
          IF oe = '1' THEN
             y <= a;
          END IF;
        END PROCESS if_label;
```

※进行进程设计时应注意以下问题：

（1）进程为一个独立的无限循环语句。它只有两种状态：执行状态和等待状态。满足条件则进入执行状态，当遇到 end process 语句后停止执行。

（2）进程中的顺序语句具有明显的顺序/并行运行双重性。即：进程中的顺序语句具有并行执行的性质。如：

```
Process( s, a, b, c)
    Begin
  Case s Is
    WHEN"00" => d <= a;
    WHEN"01" => d <= b;
    WHEN"10" => d <= c;
    WHEN Others => NULL;
  End Case;
End Process;
```

（3）进程必须由一个敏感信号表中定义的任一敏感信号的变化来启动，否则必须有一个显示的 WAIT 语句来激励。

（4）进程语句本身是并行语句。即同一结构体中的不同进程是并行运行的，后者是根据敏感信号独立运行的。

（5）信号是多个进程间的通信线。

（6）在同一进程中只能放置一个含有时钟边沿检测语句的条件语句。

2. 进程语句的另一种格式

进程语句的另一格式：

```
[标号:]      PROCESS
                [说明语句]；－－－－－－定义一些局部变量
             BEGIN
                     WAIT UNTIL(激活进程的条件)；
             [顺序语句]；
             END   PROCESS   [标号:]；
```

【例程2】

```
architecture example of start is
          begin
   bh: process
        wait until clock           --等待clock激活进程
        if ( able = '1')  then
                case output is
                   when s1 => output <= s2;
                   when s2 => output <= s3;
                   when s3 => output <= s4;
                   when s4 => output <= s1;
                 end case;
              end if;
          end process bh;
        end;
```

## 二、进程与时钟

1. 时钟与进程的关系

进程是由敏感信号的变化来启动的，因此可将时钟作为敏感信号，用时钟的上升沿或下降沿来驱动进程语句的执行。

强调：在每个上升沿启动一次进程（执行进程内所有的语句），而不是在每个上升沿执行一条语句。这一点与计算机软件程序和单片机程序有很大差异。

2. 时钟沿的 VHDL 描述法

假设时钟信号为 CLOCK，且数据类型为 std_logic，则时钟沿在 VHDL 中的描述方法如下：

上升沿描述：clock'event and clock = '1'

下降沿描述：clock'event and clock = '0'

另，用两个预定义的函数来表示时钟沿：

上升沿描述：rising_edge（clock）

下降沿描述：falling_edge（clock）

【例程3】计数器

```
entity counter3 is
port
  ( clock: in std_logic;
    reset: in std_logic;
    countnum:  buffer integer range 0 to 3);          --计数器输出值
end;


architecture behavior of counter3 is
    begin
    process( reset, clock)                       --RESET 信号必须在敏感信号表中
      begin
        if reset = '1' then                      --注意格式,复位时 COUNTNUM 清零
            countnum <= 0;
        elsif rising_edge( clock)  then          --时钟上升沿有效
          if countnum = 3 then                   --如果 COUNTNUM = 3 就清零,计到了 3 就清零
            countnum <= 0;
          else
            countnum <= countnum + 1;            --否则自加 1
          end if;
        end if;
    end process;
    end;
```

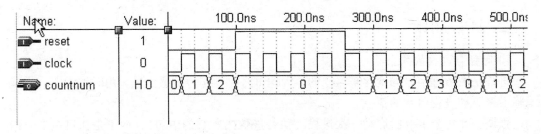

图 6.1　仿真波形图

※进程要点：

（1）进程语句本身是并行语句，但其内部为顺序语句；

（2）进程在敏感信号发生变化时被激活；

（3）在同一进程中对同一信号多次赋值，只有最后一次生效；

（4）在不同进程中，不可对同一信号进行赋值；

（5）一个进程不可对时钟上、下沿敏感；

（6）进程中的信号赋值是在进程挂起时生效的，而变量赋值是即时生效的。

## 三、并行信号赋值语句

1. 简单（并行）信号赋值语句

　　赋值目标 <= 表达式；

如：　　q <= b + c；

2. 条件信号赋值语句

条件信号赋值语句的功能与进程中的 IF 语句相似。

　　赋值目标 <= 表达式 WHEN 赋值条件 ELSE

　　　　　　　　　　　　 －－条件信号赋值语句每一子句的结尾没有标点

　　　　　　　<= 表达式 WHEN 赋值条件 ELSE

　　　　　　　　　…

　　　　　　　<= 表达式；　　　　　　　　　　　 －－只有最后一句有分号

由于条件测试的顺序性，第一句具有最高赋值优先级。

也就是说：在执行 WHEN_ELSE 语句时，赋值条件按书写的先后顺序逐项测试，一旦发现某一赋值条件得到满足，即将相应表达式的值赋给目标信号，并不再测试下面的赋值条件。换言之：各赋值子句有优先级的差别，按书写先后顺序从高到低排列。等价于由一组 IF 语句构成的进程语句。

【例程4】4 - 2 优先编码器

```
LIBRARY IEEE;
USE IEEE. STD_LOGIC_1164. ALL;
USE IEEE. STD_LOGIC_UNSIGNED. ALL;
ENTITY    encoder    IS
PORT(
    input: IN STD_LOGIC_VECTOR(3 DOWNTO 0);
    output: OUT STD_LOGIC_VECTOR(1 DOWNTO 0) );
END encoder;

ARCHITECTURE qi OF encoder IS
    BEGIN
    output <= "00" WHEN input(0) = '1' ELSE
              "01" WHEN input(1) = '1' ELSE
              "10" WHEN input(2) = '1' ELSE
              "11" WHEN input(3) = '1' ELSE
              "00";
END qi;
```

※注意：

（1）在结构体中的条件信号赋值语句的功能与在进程中的 IF 语句相同。

（2）条件赋值语句中的 ELSE 不能省略，每一子句的结尾没有任何标点，只有最后一句有分号。

（3）由于条件测试的顺序性，第一句具有赋值最高优先级，第二句其次，依此类推。

（4）条件信号语句允许有重叠现象，这与 CASE 语句不同。

3. 选择信号赋值语句

```
   WITH   选择表达式   SELECT
        赋值目标 <= 表达式 WHEN   选择值,
                        – –选择信号赋值语句的每一子句结尾是逗号
                    …
        表达式 WHEN   选择值;
        表达式 WHEN OTHERS;– –最后一句是分号
```

当"选择表达式"等于某一个"选择值"时，就将其对应的表达式的值赋给赋值目标；若"选择表达式"与任何一个"选择值"均不相等，则将 WHEN OTHERS 前的表达式的值赋给目标信号。

选择信号赋值语句不允许有条件重叠的现象，也不允许存在条件涵盖不全的情况。

【例程 5】选择信号赋值语句的用法

```
        ARCHITECTURE ar_7 OF fzh_2 IS
        BEGIN
        WITH    q   SELECT
        y <=  a    WHEN"00", – –选择值用", "结束
              b    WHEN"01",
              c    WHEN"10",
              d    WHEN   OTHERS;     – –分号
        END    ar_7;
```

※注意：

（1）选择信号赋值语句不能在进程中使用。

（2）与条件信号赋值语句不同，选择值（赋值条件）的测试不是顺序进行的，而是同时进行的。

（3）功能和进程中的 CASE 语句相似，各子句的条件（选择值）不能有重叠，且必须包容所有的条件。

（4）选择信号赋值语句也有敏感量，就是 WITH 旁的选择表达式，每当选择表达式的值发生变化就启动语句，将选择表达式的值与各选择值进行对比，一旦相符就将对应表达式的值赋给赋值目标。

# 项目七 计数器的设计

## 任务一 50 进制计数器

**1. 设计要求**

运用 VHDL 语言设计一个的 50 进制计数器，用两个数码管显示 00～49。

**2. 任务分析**

设计出两个不同的信号频率，一个比较快的频率作为扫描信号，用以选择数码管；一个为 1 秒的信号用来计数。当清零开关一开，计数器重新计数。

**3. 设计原理**

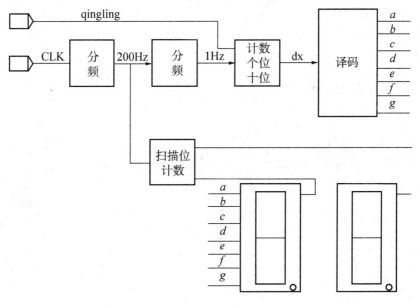

图 7.1 设计原理图

**4. 硬件要求**

含有芯片 EPM240T100C5 的开发板、下载线与电源线。输入信号为系统自带主时钟，清零开关为一个拨码开关，输出为开发板上的六个数码管的其中两个。

**5. 源程序（*. vhd）**

```
library ieee;
use ieee. std_logic_1164. all;
use ieee. std_logic_arith. all;
use ieee. std_logic_unsigned. all;
entity jz50 is
```

```vhdl
port(
    clk:        in std_logic;
qingling: in std_logic;
weixuan:    out std_logic_vector(1 to 6);
duanxuan: out std_logic_vector(1 to 7)
);
end jz50;
architecture jinzhi50 of jz50 is
signal clk_5ms, clk_1s: std_logic;
signal saomiao: integer range 0 to 1;
signal wx: std_logic_vector(5 downto 0);
signal dx, deng1, deng2: std_logic_vector(3 downto 0);
begin
process(clk)
variable cnt1: integer range 0 to 125;
variable cnt2: integer range 0 to 1000;
begin
if rising_edge(clk) then
    if cnt1 = 125 then
        cnt1: = 0;
        if cnt2 = 1000 then
            cnt2: = 0;
            clk_5ms <= not clk_5ms;
        else
            cnt2: = cnt2 + 1;
        end if;
    else
        cnt1: = cnt1 + 1;
    end if;
end if;
end process;
process(clk_5ms)
variable cnt3: integer range 0 to 100;
begin
if rising_edge(clk_5ms) then
    if cnt3 = 100 then
        cnt3: = 0;
        clk_1s <= not clk_1s;
    else
        cnt3: = cnt3 + 1;
    end if;
        if saomiao = 1 then
            saomiao <= 0;
```

```
            else
                saomiao <= saomiao + 1;
            end if;
        end if;
    end process;
    process( saomiao)
    begin
    case saomiao is
        when 0 => wx <= "111110";
        when 1 => wx <= "111101";
        when others => null;
    end case;
        case wx is
            when "111110" => dx <= deng1;
            when "111101" => dx <= deng2;
            when others => null;
        end case;
    end process;
    process( clk_1s)
    begin
    if qingling = '0' then
        deng1 <= "0000";
        deng2 <= "0000";
    elsif rising_edge( clk_1s)  then
        case deng1 is
            when "1001" => deng1 <= "0000";
                case deng2 is
                    when "0100" => deng2 <= "0000";
                                    deng1 <= "0000";
                    when others => deng2 <= deng2 + 1;
                end case;
            when others => deng1 <= deng1 + 1;
        end case;
    end if;
    end process;
    process( dx)
    begin
    case dx is
        when "0000" => duanxuan <= "0111111";
        when "0001" => duanxuan <= "0000110";
        when "0010" => duanxuan <= "1011011";
        when "0011" => duanxuan <= "1001111";
        when "0100" => duanxuan <= "1100110";
```

```
        when "0101" => duanxuan <= "1101101";
        when "0110" => duanxuan <= "1111101";
        when "0111" => duanxuan <= "0000111";
        when "1000" => duanxuan <= "1111111";
        when "1001" => duanxuan <= "1101111";
        when others => null;
    end case;
    end process;
    weixuan <= wx;
    end jinzhi50;
```

6. 引脚分配图

| | | Node Name | Direction | Location | I/O Bank |
|---|---|---|---|---|---|
| 1 | | clk | Input | PIN_12 | 1 |
| 2 | | duanxuan[1] | Output | PIN_99 | 2 |
| 3 | | duanxuan[2] | Output | PIN_98 | 2 |
| 4 | | duanxuan[3] | Output | PIN_97 | 2 |
| 5 | | duanxuan[4] | Output | PIN_96 | 2 |
| 6 | | duanxuan[5] | Output | PIN_95 | 2 |
| 7 | | duanxuan[6] | Output | PIN_92 | 2 |
| 8 | | duanxuan[7] | Output | PIN_91 | 2 |
| 9 | | qingling | Input | PIN_30 | 1 |
| 10 | | weixuan[1] | Output | PIN_1 | 2 |
| 11 | | weixuan[2] | Output | PIN_2 | 1 |
| 12 | | weixuan[3] | Output | PIN_3 | 1 |
| 13 | | weixuan[4] | Output | PIN_4 | 1 |
| 14 | | weixuan[5] | Output | PIN_5 | 1 |
| 15 | | weixuan[6] | Output | PIN_6 | 1 |
| 16 | | <<new node>> | | | |

图 7.2　引脚分配图

7. 思考与练习

（1）设计一个计数由 49～00 的 50 进制计数器。

（2）设计一个使计数器可启动与暂停的状态开关。

# 任务二　10000 进制计数器

1. 设计要求

运用 VHDL 语言设计一个 10000 进制计数器，用两个数码管显示 0000～9999。可清零复位。

2. 任务分析

根据五十进制计数器，设计一个扫描信号和一个计数信号，当清零开关打开时，数码管上的数字复位为 0000。

  3. 设计原理

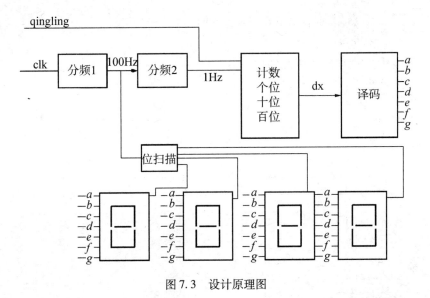

图 7.3　设计原理图

  4. 硬件要求

  含有芯片 EPM240T100C5 的开发板、下载线与电源线。输入信号为系统自带主时钟，清零开关为一个拨码开关，输出为开发板上的六个数码管的其中四个。

  5. 源程序（∗. vhd）

```
    process( clk_1s)
    begin
    if qingling = '0' then
        deng1 <= "0000";
        deng2 <= "0000";
        deng3 <= "0000";
        deng4 <= "0000";
    elsif rising_edge( clk_1s)  then
        case deng1 is
            when "1001" => deng1 <= "0000";
                case deng2 is
                    when "1001" => deng2 <= "0000";
                        case deng3 is
                            when "1001" => deng3 <= "0000";
                                case deng4 is
                                    when "1001" => deng4 <= "0000";
                                            deng3 <= "0000";
                                            deng2 <= "0000";
                                            deng1 <= "0000";
                                    when others => deng4 <= deng4 + 1;
```

```
                    end case;
           when others => deng3 <= deng3 + 1;
         end case;
      when others => deng2 <= deng2 + 1;
    end case;
  when others => deng1 <= deng1 + 1;
end case;
end if;
end process;
```

6. 引脚分配图

| | | Node Name | Direction | Location | I/O Bank |
|---|---|---|---|---|---|
| 1 | | clk | Input | PIN_12 | 1 |
| 2 | | duanxuan[1] | Output | PIN_99 | 2 |
| 3 | | duanxuan[2] | Output | PIN_98 | 2 |
| 4 | | duanxuan[3] | Output | PIN_97 | 2 |
| 5 | | duanxuan[4] | Output | PIN_96 | 2 |
| 6 | | duanxuan[5] | Output | PIN_95 | 2 |
| 7 | | duanxuan[6] | Output | PIN_92 | 2 |
| 8 | | duanxuan[7] | Output | PIN_91 | 2 |
| 9 | | qingling | Input | PIN_30 | 1 |
| 10 | | weixuan[1] | Output | PIN_1 | 2 |
| 11 | | weixuan[2] | Output | PIN_2 | 1 |
| 12 | | weixuan[3] | Output | PIN_3 | 1 |
| 13 | | weixuan[4] | Output | PIN_4 | 1 |
| 14 | | weixuan[5] | Output | PIN_5 | 1 |
| 15 | | weixuan[6] | Output | PIN_6 | 1 |
| 16 | | <<new node>> | | | |

图 7.4　引脚分配图

7. 思考与练习

（1）设计一个控制开关，为 1 时正向计数，为 0 时反向计数。

（2）设计一个可手动按键计数器。

# 任务三　计时秒表

1. 设计要求

设计一个带有开始与暂停的计时秒表，秒表的最低位是 0.1 秒，显示为 0.00.00.0；带有复位开关。

2. 任务分析

分频，扫描数码管及 0.1 秒的计数频率信号；设计一个开关，打开则计数，关闭则不计数；数码管上的小数点要控制亮灭。

### 3. 设计原理

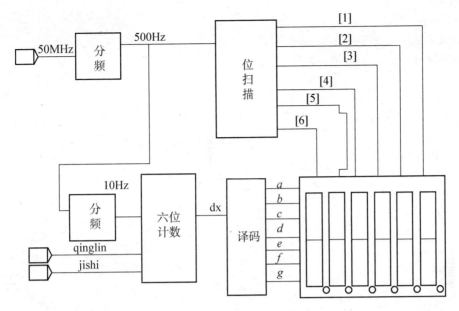

图 7.5 设计原理图

### 4. 硬件要求

含有芯片 EPM240T100C5 的开发板和下载线与电源线。输入信号为系统自带主时钟，启动开关、清零开关为拨码开关，输出为开发板上的六个数码管。

### 5. 源程序（*.vhd）

```
library ieee;
use ieee. std_logic_1164. all;
use ieee. std_logic_arith. all;
use ieee. std_logic_unsigned. all;
entity jsmb is
port(
    clk:         in std_logic;
    jishi:        in std_logic;
    qingling:     in std_logic;
    dian:        out std_logic;
    weixuan:     out std_logic_vector( 1 to 6) ;
    duanxuan:    out std_logic_vector( 1 to 7)
) ;
end jsmb;
architecture jishimiaobiao of jsmb is
signal clk_2ms, clk_100ms: std_logic;
signal saomiao: integer range 1 to 6;
signal wx: std_logic_vector(5 downto 0) ;
signal dx: std_logic_vector(3 downto 0) ;
```

```vhdl
signal deng1, deng2, deng3, deng4, deng5, deng6: std_logic_vector( 3 downto 0) ;
begin
process( clk)
variable cnt1: integer range 0 to 100;
variable cnt2: integer range 0 to 500;
begin
if rising_edge( clk)  then
    if cnt1 = 100 then
      cnt1: = 0;
      if cnt2 = 500 then
        cnt2: = 0;
        clk_2ms <= not clk_2ms;
      else
          cnt2: = cnt2 + 1;
        end if;
    else
        cnt1: = cnt1 + 1;
    end if;
end if;
end process;
process( clk_2ms)
variable cnt3: integer range 0 to 25;
begin
if rising_edge( clk_2ms)  then
    if cnt3 = 25 then
        cnt3: = 0;
        clk_100ms <= not clk_100ms;
    else
        cnt3: = cnt3 + 1;
    end if;
        if saomiao = 6 then
            saomiao <= 1;
        else
            saomiao <= saomiao + 1;
        end if;
end if;
end process;
process( saomiao)
begin
case saomiao is
    when 1 => wx <= "111110";
    when 2 => wx <= "111101";
    when 3 => wx <= "111011";
```

```vhdl
            when 4 => wx <= "110111";
            when 5 => wx <= "101111";
            when 6 => wx <= "011111";
            when others => null;
        end case;
        case wx is
            when "111110" => dx <= deng1; dian <= '0';
            when "111101" => dx <= deng2; dian <= '1';
            when "111011" => dx <= deng3; dian <= '0';
            when "110111" => dx <= deng4; dian <= '1';
            when "101111" => dx <= deng5; dian <= '0';
            when "011111" => dx <= deng6; dian <= '1';
            when others => null;
        end case;
    end process;
    process( clk_100ms)
    begin
    if qingling = '0' then
        deng1 <= "0000";
        deng2 <= "0000";
        deng3 <= "0000";
        deng4 <= "0000";
        deng5 <= "0000";
        deng6 <= "0000";
    elsif rising_edge( clk_100ms)  then
        if jishi = '0' then
            case deng1 is
                when "1001" => deng1 <= "0000";
                    case deng2 is
                        when "1001" => deng2 <= "0000";
                            case deng3 is
                                when "0101" => deng3 <= "0000";
                                    case deng4 is
                                        when "1001" => deng4 <= "0000";
                                            case deng5 is
                                                when "0101" => deng5 <= "0000";
                                                    case deng6 is
                                                        when "1001" => deng6 <= "0000";
                                                                       deng5 <= "0000";
                                                                       deng4 <= "0000";
                                                                       deng3 <= "0000";
                                                                       deng2 <= "0000";
                                                                       deng1 <= "0000";
```

```
                    when others => deng6 <= deng6 + 1;
                  end case;
                 when others => deng5 <= deng5 + 1;
               end case;
              when others => deng4 <= deng4 + 1;
            end case;
           when others => deng3 <= deng3 + 1;
          end case;
         when others => deng2 <= deng2 + 1;
        end case;
       when others => deng1 <= deng1 + 1;
      end case;
    end if;
  end if;
end process;
process( dx)
begin
case dx is
  when "0000" => duanxuan <= "0111111";
  when "0001" => duanxuan <= "0000110";
  when "0010" => duanxuan <= "1011011";
  when "0011" => duanxuan <= "1001111";
  when "0100" => duanxuan <= "1100110";
  when "0101" => duanxuan <= "1101101";
  when "0110" => duanxuan <= "1111101";
  when "0111" => duanxuan <= "0000111";
  when "1000" => duanxuan <= "1111111";
  when "1001" => duanxuan <= "1101111";
  when others => null;
end case;
end process;
weixuan <= wx;
end jishimiaobiao;
```

6. 引脚分配图

| | | Node Name | Direction | Location | I/O Bank |
|---|---|---|---|---|---|
| 1 | | clk | Input | PIN_12 | 1 |
| 2 | | dian | Output | PIN_100 | 2 |
| 3 | | duanxuan[1] | Output | PIN_99 | 2 |
| 4 | | duanxuan[2] | Output | PIN_98 | 2 |
| 5 | | duanxuan[3] | Output | PIN_97 | 2 |
| 6 | | duanxuan[4] | Output | PIN_96 | 2 |
| 7 | | duanxuan[5] | Output | PIN_95 | 2 |
| 8 | | duanxuan[6] | Output | PIN_92 | 2 |
| 9 | | duanxuan[7] | Output | PIN_91 | 2 |
| 10 | | jishi | Input | PIN_39 | 1 |
| 11 | | qingling | Input | PIN_30 | 1 |
| 12 | | weixuan[1] | Output | PIN_1 | 2 |
| 13 | | weixuan[2] | Output | PIN_2 | 1 |
| 14 | | weixuan[3] | Output | PIN_3 | 1 |
| 15 | | weixuan[4] | Output | PIN_4 | 1 |
| 16 | | weixuan[5] | Output | PIN_5 | 1 |
| 17 | | weixuan[6] | Output | PIN_6 | 1 |
| 18 | | <<new node>> | | | |

图7.6 引脚分配图

7. 思考与练习

设计每计时整一分钟，蜂鸣器响一秒。（提示：实验板蜂鸣器引脚为7号脚，当输入为脉冲时才触发）

# 项目八 四种频率输出控制器

## 1. 设计要求

用 VHDL 语言设计由手动开关控制四种不同频率控制彩灯的亮灭变化，使亮灭速度由快到慢（或由慢到快）的变化。

## 2. 任务分析

分出频率不等的四个计数频率信号，有两个开关控制四个信号，变化的频率输出到彩灯上使其显示。

## 3. 设计原理

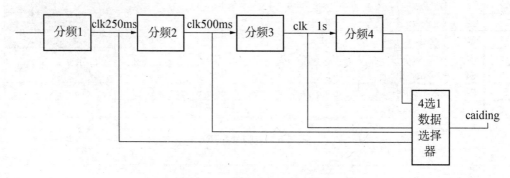

图 8.1 四种频率输出控制器

## 4. 硬件要求

含有芯片 EPM240T100C5 的开发板、下载线与电源线。输入信号为系统自带主时钟，控制开关为拨码开关，输出为开发板上的一个彩灯。

## 5. 源程序（*.vhd）

```vhdl
library ieee;
use ieee. std_logic_1164. all;
use ieee. std_logic_arith. all;
use ieee. std_logic_unsigned. all;

entity sdxp is
port(
    clk:      in std_logic;                     - -50M 时钟输入
    xuanpin: in std_logic_vector( 2 downto 1) ; - -四种频率选择控制端
    qingling: in std_logic;                     - -清零端
    caideng:  out std_logic;                    - -输出
    r: out std_logic_vector( 3 downto 0)        - -输出组选控制端
);
end sdxp;
```

```vhdl
architecture shoudongxuanpin of sdxp is
signal clk_250ms, clk_500ms, clk_1s, clk_2s: std_logic;

signal pinlv: std_logic;
begin
r <= "1110";

process( clk)
variable cnt1: integer range 0 to 1250;
variable cnt2: integer range 0 to 5000;
begin
if rising_edge( clk) then
    if cnt1 = 1250 then
        cnt1: = 0;
        if cnt2 = 5000 then
            cnt2: = 0;
            clk_250ms <= not clk_250ms;        - - 8Hz
        else
            cnt2: = cnt2 + 1;
        end if;
    else
        cnt1: = cnt1 + 1;
    end if;
end if;
end process;

process( clk_250ms)
variable cnt3: integer range 0 to 1;
begin
if rising_edge( clk_250ms) then
    if cnt3 = 1 then
        cnt3: = 0;
        clk_500ms <= not clk_500ms;        - - 4Hz
    else
        cnt3: = cnt3 + 1;
    end if;
end if;
end process;

process( clk_500ms)
variable cnt4: integer range 0 to 1;
begin
```

```
if rising_edge( clk_500ms) then
    if cnt4 = 1 then
        cnt4: = 0;
        clk_1s <= not clk_1s;              - - 2Hz
    else
        cnt4: = cnt4 + 1;
    end if;
end if;
end process;

process( clk_1s)
variable cnt5: integer range 0 to 1;
begin
if rising_edge( clk_1s) then
    if cnt5 = 1 then
        cnt5: = 0;
        clk_2s <= not clk_2s;              - - 1Hz
    else
        cnt5: = cnt5 + 1;
    end if;
end if;
end process;

process( xuanpin)
begin
case xuanpin is
    when"00" => pinlv <= clk_250ms;
    when"01" => pinlv <= clk_500ms;
    when"10" => pinlv <= clk_1s;
    when"11" => pinlv <= clk_2s;
end case;
if rising_edge( pinlv) then

    if qingling = '1' then
        caideng <= '0';

    else
        caideng <= pinlv;
    end if;
end if;
end process;
end shoudongxuanpin;
```

6. 引脚分配图

| | | Node Name | Direction | Location |
|---|---|---|---|---|
| 1 | | caideng | Output | PIN_72 |
| 2 | | clk | Input | PIN_12 |
| 3 | | qingling | Input | PIN_39 |
| 4 | | r[3] | Output | PIN_66 |
| 5 | | r[2] | Output | PIN_67 |
| 6 | | r[1] | Output | PIN_68 |
| 7 | | r[0] | Output | PIN_69 |
| 8 | | xuanpin[2] | Input | PIN_33 |
| 9 | | xuanpin[1] | Input | PIN_30 |

图 8.2　引脚分配图

7. 思考与练习

（1）设计一个不需要开关的自动变频彩灯控制器。

（2）与六位数码管动态扫描显示电路设计与实现这个任务结合，将可调的频率控制数码管扫描的频率，观察其不同频率下扫描的现象。

# 相关知识

## 一、层次化设计的概念

1. 层次化设计的主要优点

（1）一些常用的模块可以被单独创建并存储，在以后的设计中可以直接调用该模块，而无须重新设计。

（2）它使整个设计更结构化，程序也具有更高的可读性：顶层文件只将一些小模块整合在一起，这使整个系统的设计思想比较容易被理解。

2. 层次化设计的核心思想

（1）模块化：可以将一个大系统划分为几个字模块，而这些子模块又分别由更小的模块组成，如此往下，直至不可再分。这也正是自顶向下的设计方法。

（2）元件重用（REUSE）：同一个元件可以被不同的设计实体调用，也可以被同一个设计实体多次调用。元件重用不但大大减轻了设计者的工作量，而且使程序更结构化和具有更高的可读性。

## 二、在 Quartus Ⅱ 中实现层次化设计

下面将主要介绍如何在 Quartus Ⅱ 中采用图形法与文本法结合的混合输入方法实现元件重用（REUSE）与系统的层次化设计。

1. 元件重用

问题：假设系统中有一个 CLK 200kHz 的时钟，系统要求将其分为 100kHz、50kHz 和 25kHz，并在这 4 个频率的时钟中选择一个作为输出，如何从 CLK（200kHz）生成其他频

率的时钟信号呢？有以下两种方案：

方案一：设计一个 2 分频电路、一个 4 分频电路和一个 8 分频电路，直接从 200kHz 分频得到所需的几个频率的时钟信号。

方案二：只设计一个 2 分频电路，用 3 个 2 分频电路级联的方式，从 200kHz 逐级分出所需要的时钟信号。

方案二中只需设计一个 2 分频、一个 4 选 1 电路模块就可以完成设计，优于方案一。下面将以方案二为例详细介绍层次化设计的步骤。

2. 层次化设计的步骤

（1）生成元件符号

如果想把一个程序描述的 2 分频电路作为上一层设计实体中的元件，就必须生成元件符号。将 2 分频的程序、4 选 1 的程序设计编译调试成功，执行菜单 "file→create/update →create symbol file for current file" 生成元件符号。

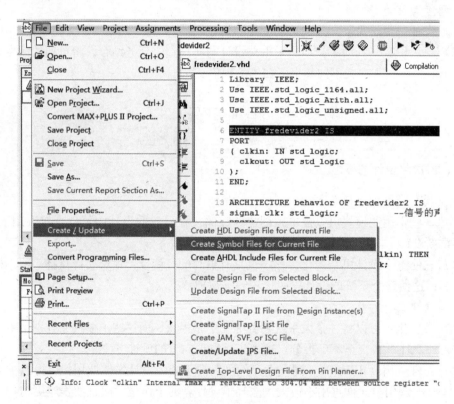

图 8.3　2 分频元件符号的生成

意味着两点：

● 如果此程序没有通过编译（例如因为语法错误等），那么将得不到它的元件符号，也就无法调用它；

● 在第 1 次成功编译后（即自动生成元件符号后），如果修改这个设计实体的端口（包括端口名，端口数等），就必须重新生成元件符号。

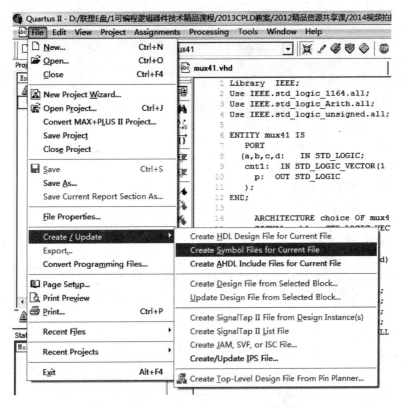

图 8.4  4 选 1 数据选择器元件符号的生成

① 2 分频源程序：

Library   IEEE;

Use IEEE. std_logic_1164. all;

Use IEEE. std_logic_Arith. all;

Use IEEE. std_logic_unsigned. all;


ENTITY fredevider2 IS

PORT

( clkin: IN std_logic;

  clkout: OUT std_logic

) ;

END;


ARCHITECTURE behavior OF fredevider2 IS

signal clk: std_logic;              – – 信号的声明

BEGIN

    PROCESS ( clkin)

        BEGIN

            IF   rising_edge( clkin) THEN

```
                clk <= NOT clk;              - -每个时钟上升沿,clk 反相
          END IF;
     END PROCESS;
          clkout <= clk;
END;
```

② 4 选 1 数据选择器源程序:

```
Library   IEEE;
Use IEEE. std_logic_1164. all;
Use IEEE. std_logic_Arith. all;
Use IEEE. std_logic_unsigned. all;

ENTITY mux41 IS
  PORT
  ( a, b, c, d:    IN STD_LOGIC;
    cnt1:    IN STD_LOGIC_VECTOR( 1 DOWNTO 0) ;
     p:    OUT STD_LOGIC
  ) ;
END;


     ARCHITECTURE choice OF mux41 IS
     SIGNAL    able: STD_LOGIC_VECTOR( 1 DOWNTO 0) ;
     BEGIN
        able <= cnt1;
          PROCESS( able, a, b, c, d)
          BEGIN
            CASE able IS
              WHEN "00" => p <= a;
              WHEN "01" => p <= b;
              WHEN "10" => p <= c;
              WHEN "11" => p <= d;
              WHEN OTHERS => NULL;
            END CASE;
          END PROCESS;
     END choice;
```

层次化设计的文件管理:将底层的每个功能模块的工程文件等所有文件单独放在一个文件夹,顶层的工程文件等所有文件也放在一个文件夹,关于这个项目的所有的底层、顶层的文件夹均放在一起,该例程的文件管理如图 8.5 所示。

(2)调用元件符号

① 新建顶层工程文件,其方法如前。打开 Quartus II 软件,在主界面中执行"File→New Project Wizard…"命令,打开新建工程管理窗口,如图 8.6 所示。

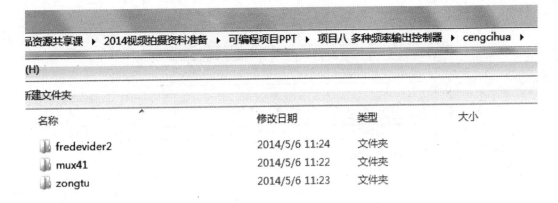

图 8.5　层次化设计的文件管理

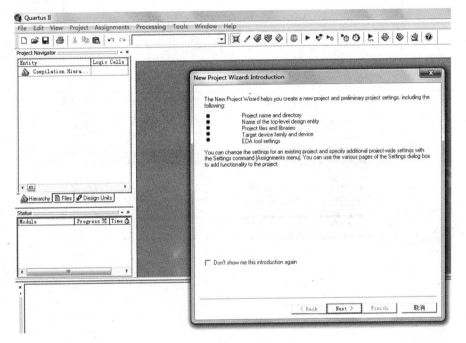

图 8.6　新建工程文件

②在弹出的对话框中指定设计工程的文件存放目录、工程名以及最顶层的设计实体名。

- 最上面的输入框：输入指定工程文件存放的目录。
- 中间的输入框：输入新建工程的名字。
- 最下面的输入框：输入该设计工程最顶层的设计实体名。

说明：一般输入工程名和设计顶层的实体名默认是相同的。

③单击【Next】按钮，弹出如图8.8所示的对话框。此设计工程除了最顶层的设计文件之外，还会包含一些额外的电路模块描述文件。设计者可以通过该对话框将这些文件或者功能库添加到设计工程中。为了方便工程设计文件公里，建议将所有的设计文件集中到工程目录中。

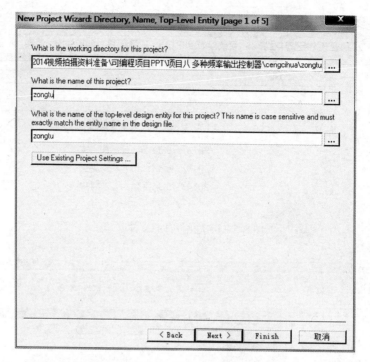

图 8.7　设置工程文件存放路径、工程文件名及顶层文件名

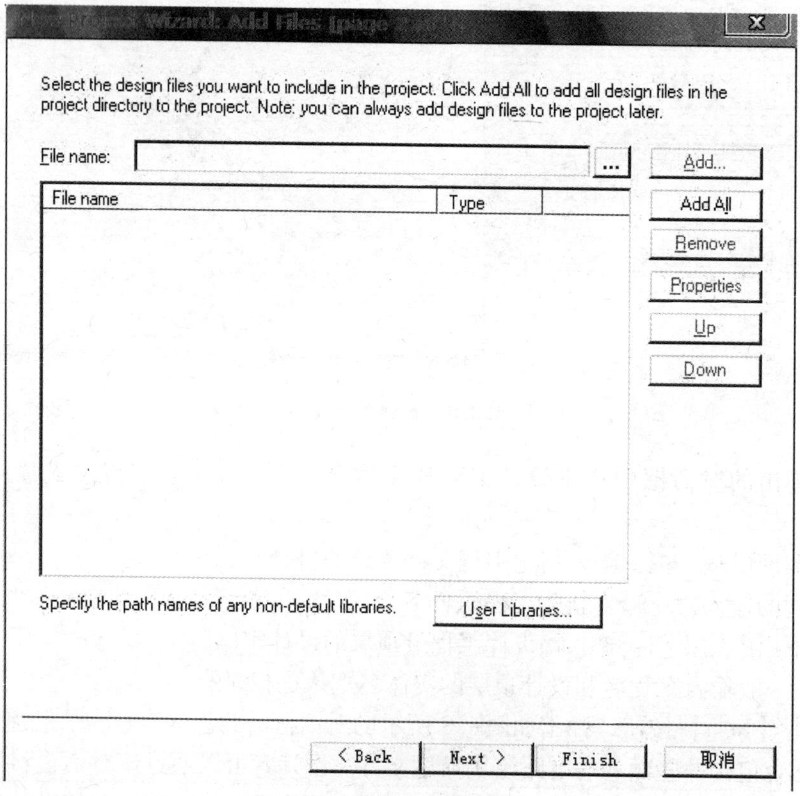

图 8.8　添加设计文件

④ 单击 File name 后的 [...]，选择要添加到设计工程中的底层程序，如图 8.9 所示。

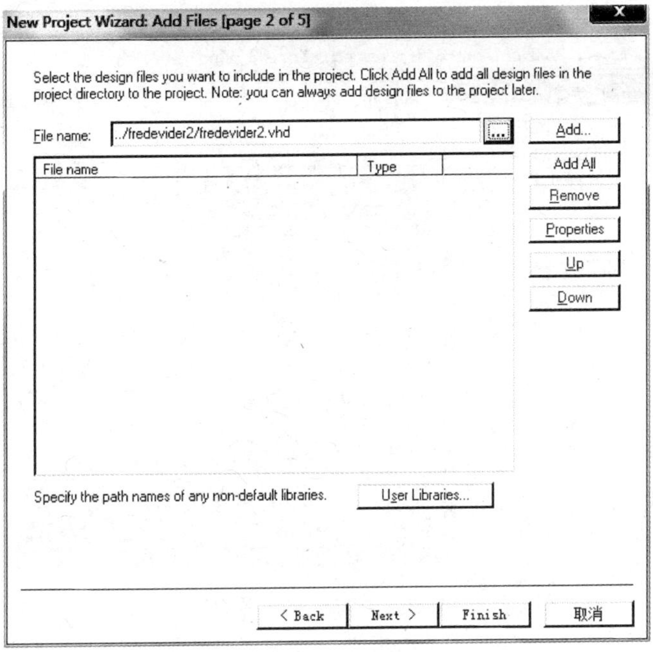

图 8.9　添加设计文件

　　左键单击 Add... 将此底层程序添加到设计工程中，将所有的底层设计程序均按此方法添加到设计工程中，如图 8.10，然后单击 Next >。后续步骤与前同，直到按照向导将底层工程文件新建完成。

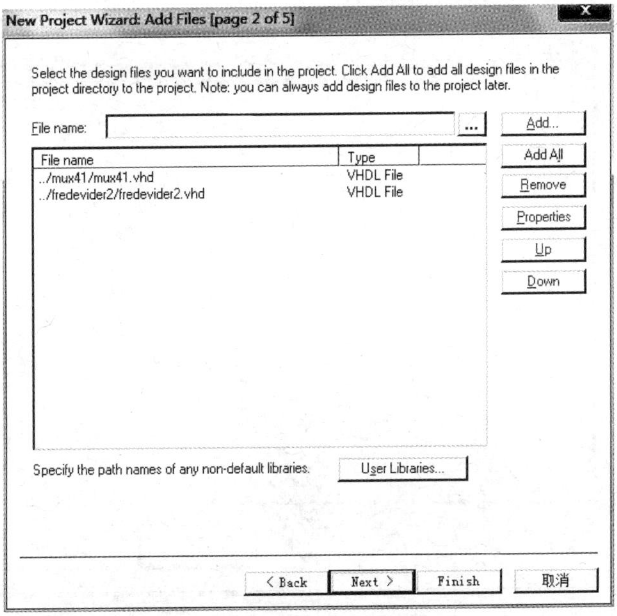

图 8.10　添加设计文件

⑤ 执行菜单 "File→New…" 菜单命令打开新建对话框，如图 8.11 所示。

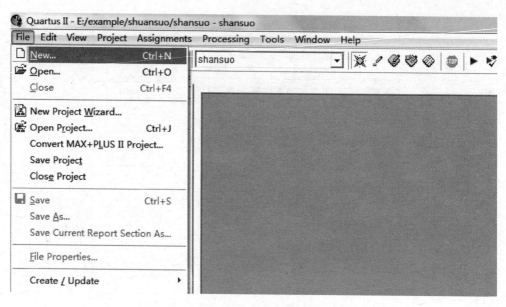

图 8.11　新建设计文件

　　在弹出来的对话框中选中 Block Diagram/schematic File，如图 8.12 所示，然后点击【OK】按钮新建一个空白的 Block Diagram/schematic File 文档，如图 8.13 所示，Quartus II 会自动将其命名为 Block1. bdf。

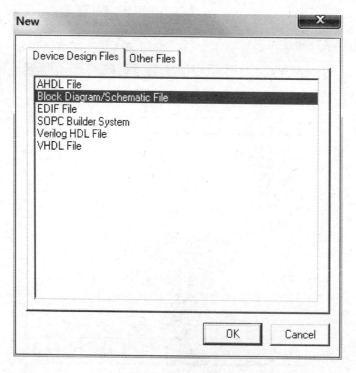

图 8.12　选择文件类型

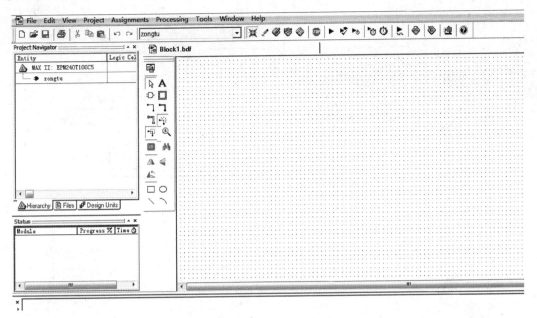

图 8.13 原理图编辑窗口

⑥ 在编辑窗口空白处双击，弹出如图 8.14 所示的元件调用窗口，然后单击 ▣，选择前面生成的元件符号的路径，如图 8.15 所示，单击 打开(O)，如图 8.16 所示。

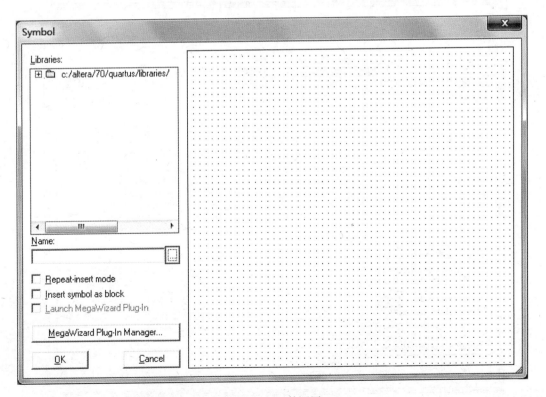

图 8.14 元件调用

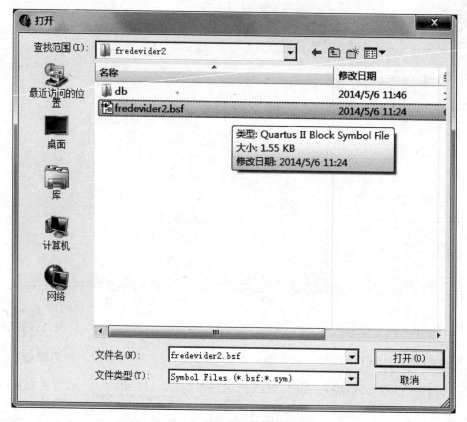

图 8.15 加载生成的元件符号

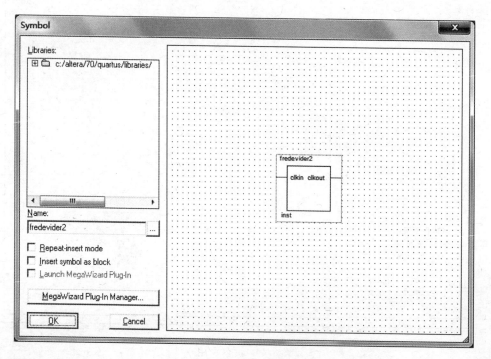

图 8.16 加载生成的元件符号

单击【OK】，随着光标将出现该模块的元件符号，移动鼠标放置到编辑窗口中的合适位置；同理将另一元件符号放置到编译窗口中，如图 8.17 所示。

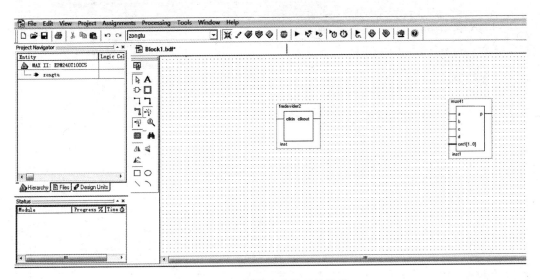

图 8.17 加载生成的元件符号

本例中有三个 2 分频模块，在此编辑环境中可以复制 fredevider2，其快捷操作为：按下键盘的 Ctrl，同时将鼠标左键按住 2 分频模块 fredevider2 不放，进行拖曳，松开左键，即可完成复制。按照图 8.18 所示放置好各个模块，画好顶层的电路图。

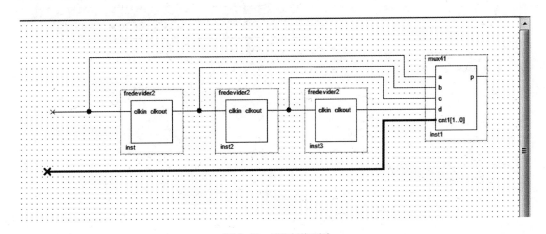

图 8.18 顶层原理图

（3）定义输入/输出端口与连线

① 放置输入输出端口。双击左键，如图 8.19 和图 8.20 所示。

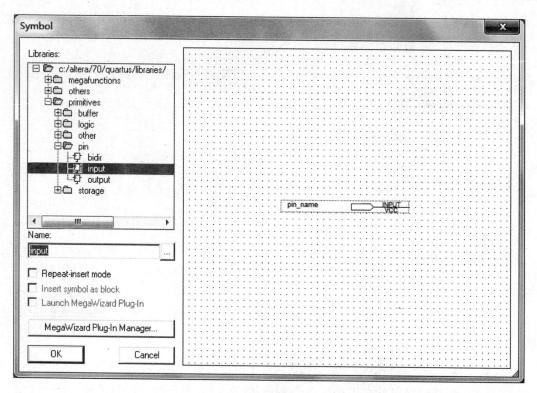

图 8.19　加载输入端口

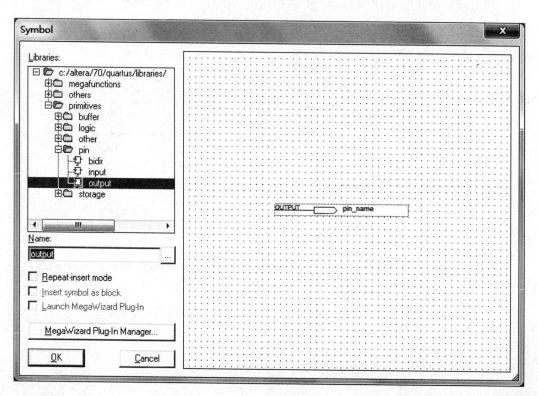

图 8.20　加载输出端口

② 添加输入输出端口名。左键双击端口处，如图 8.21 所示，为每个端口添加端口名，完整的顶层原理图如图 8.22 所示。

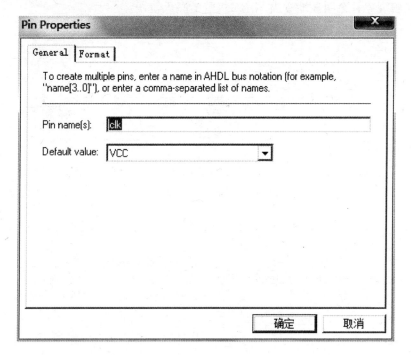

图 8.21 添加输入输出端口名

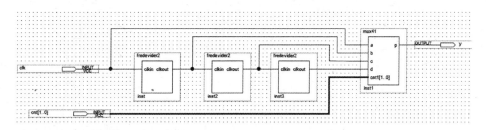

图 8.22 顶层原理图

③ 引脚分配。首先，将此顶层的原理图执行编译，然后可执行如下快捷菜单

中的 ►，再单

击快捷菜单中的 进行引脚分配，如图 8.23 所示。最后再次编译。

| | Node Name | Direction | Location | I/O Bank | Vref Group | I/O Standard | Reserved | |
|---|---|---|---|---|---|---|---|---|
| 1 | clk | Input | PIN_12 | 1 | | 3.3-V LVTTL (default) | | |
| 2 | cnt[1] | Input | PIN_33 | 1 | | 3.3-V LVTTL (default) | | cnt[ |
| 3 | cnt[0] | Input | PIN_30 | 1 | | 3.3-V LVTTL (default) | | cnt[ |
| 4 | y | Output | PIN_91 | 2 | | 3.3-V LVTTL (default) | | |
| 5 | <<new node>> | | | | | | | |

图 8.23 引脚分配

④ 硬件下载实现。由于 EPM240 最小系统开发板上只提供了 50MHz 的时钟源，因此要想得到该项目所需的 250Hz 输入信号，需再加一个时钟分频，将输出信号 Y 到发光二极管上观察实验现象，会明显地看出发光二极管的亮灭快慢。

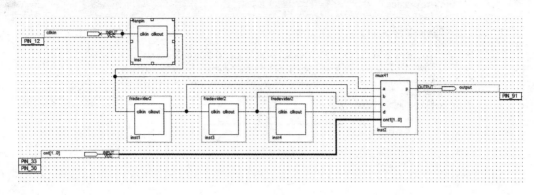

图 8.24

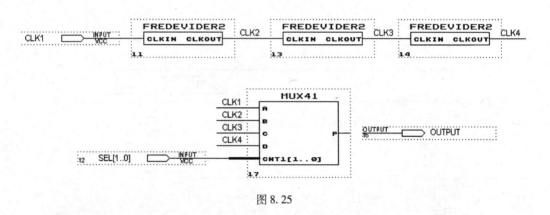

图 8.25

图形编辑器注意事项：
- 可以对连线命名，同名连线在电气上是连接的。
- 在进行总线与输入/输出端口连接时，必须从元件的端口开始引线。

### 三、元件例化

元件例化就是将以前设计的实体当作本设计的一个元件，然后用 VHDL 语句将各元件之间的连接关系描述出来。

元件例化语句由两部分组成，第一部分是元件定义，即将现成的设计实体定义为本设计的元件；第二部分是元件连接关系映射语句，即描述各元件之间的连接关系。

（1）元件定义：将现成的设计实体定义为本设计的元件。

格式：　COMPONENT　元件名 IS

　　　　　PORT（元件端口信息）；

　　　　　END COMPONENT；

元件定义相当于对现成的设计实体进行封装，使其只留出外面的接口。

（2）元件例化

格式：

　　　　例化名：元件名　PORT　MAP（端口列表）；

　　其中例化名是必须存在的，它类似于标在当前系统中的一个插座名；而元件名则是准备在此插座上插入的、已定义好的元件名；PORT　MAP是端口映射的意思；端口列表是把例化元件端口与连接实体端口连接起来。

　　　　端口列表的接口格式为：

　　　　例化元件端口名　=>　连接实体端口名

接口格式有三种格式：

1. 名字关联方式

　　即保留 例化元件端口 => 部分，这时为例化元件端口名与连接实体端口名的关联方式，其在 PORT　MAP 中的位置可以是任意的。

2. 位置关联方式

　　即省去 例化元件端口 => 部分，在 PORT　MAP 中只列出当前系统中的连接实体端口名即可，但要求连接实体端口名的与例化元件端口定义中的端口名一一对应。

3. 混合关联方式

　　即上述两种关联方式同时并存。

　　假设之前已经设计过 4 分频电路、10 分频电路和 2 路数据选择器，他们的实体名及输入输出端口名如表 8-1 所示：

表 8-1　各子电路的实体名与输入/输出端口名

| 电路 | 实体名 | 输入端口 | 输出端口 |
|---|---|---|---|
| 分频电路 | fenpin | CLKIN | CLKOUT |
| 4 分频电路 | FreDevider4 | CLKIN | CLKOUT |
| 10 分频电路 | FreDevider10 | CLKIN | CLKOUT |
| 2 路数据选择器 | MUX2 | DataA、DataB、Sel1 | Dataout |

　　下面以图 8.26 为例，介绍元件例化语句，为用 VHDL 语言实现系统层次化设计打基础。

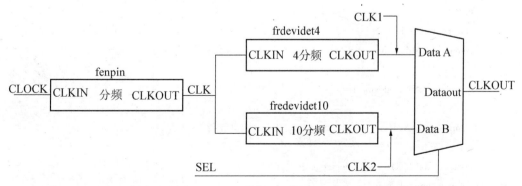

图 8.26　多种频率输出控制器结构图

例程给出了用元件例化语句实现图 8.26 的电路结构的参考程序，请注意元件例化语句的位置及其使用方法。

【例程】多种频率输出控制器的参考程序

```
library ieee;
use ieee. std_logic_1164. all;

entity yuanjianlihua is
port
( clock: in std_logic;
   sel: in std_logic;
clkout: out std_logic
);
end;

architecture structure of yuanjianlihua is

component fenpin is              --定义元件
port
( clkin: in std_logic;
clkout: out std_logic
);
end component fenpin;

component fredevider2 is          --定义元件
port
( clkin: in std_logic;
clkout: out std_logic
);
end component fredevider2;

component fredevider10 is         --定义元件
port
( clkin: in std_logic;
clkout: out std_logic
);
end component fredevider10;

component mux21 is                --定义元件
port
( dataa, datab, sel1: in std_logic;
dataout: out std_logic
);
```

end component mux21;

signal clk, clk1, clk2: std_logic;

begin　　　　　　　　－－元件映射语句在结构体的 BEGIN 和 END 之间

　　u1: fenpin port map( clkin => clock, clkout => clk) ;
　　u2: fredevider2 port map( clkin => clk, clkout => clk1) ;
　　u3: fredevider10 port map( clkin => clk, clkout => clk2) ;
　　u4: mux21 port map ( dataa => clk1, datab => clk2, sel1 => sel, dataout => clkout) ;
　end;

元件例化语句实现了系统的层次化和机构化设计，等同于图形法设计中的顶层的 Block Diagram/schematic File 文档＊＊. bdf。但有两个缺点，那就是：

（1）如果有 N 个上层实体用到了同一个下层实体，那么在这 N 个上层实体的程序中，都必须对下层实体进行元件定义。

（2）如果一个程序中用到了很多元件，那么元件定义语句要占很大篇幅，使程序显得臃肿，降低程序的可读性。

解决上述两个问题的办法就是用程序包 Package。但在这里不做详细介绍了。

# 第二部分　综合项目

# 项目九　彩灯控制器

1. 设计要求

（1）要有多种花型变化（至少设计4种）。

（2）多种花型可以自动变换，循环往复。

（3）彩灯变换的快慢的节拍可以选择。

（4）具有清零开关。

2. 任务分析

根据系统设计要求，现设计一个具有四种节奏、多种花型循环变换的彩灯控制器。

系统设计采用模块化设计的方法，它由节奏产生模块、节奏控制模块和显示控制模块几部分组成。在板上4行3列的彩灯上实现。整个系统有3个输入信号：系统时钟信号CLK，系统清零信号 RST 和控制彩灯节奏快慢的选择开关 k。7 个输出信号 row_1[3.2.1.0] 控制彩灯的组选和 e、y、g 控制红绿黄灯的亮灭，用于模拟彩灯。

3. 设计原理

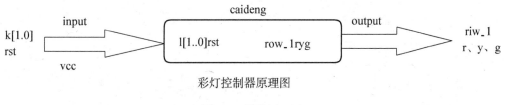

彩灯控制器原理图

图9.1　设计原理图

4. 硬件要求

含有芯片 EPM240T100C5 的开发板、下载线与电源线。3 个拨码开关，4 组 3 列共 12 个 LED 灯。

5. 源程序（∗.vhd）

```
library ieee;
use ieee. std_logic_1164. all;
use ieee. std_logic_unsigned. all;
use ieee. std_logic_arith. all;

entity caideng is
port( clk, rst: in std_logic;
    speed: in std_logic_vector( 1 downto 0) ;        －－控制节拍
      row: out std_logic_vector( 3 downto 0) ;
      r, y, g: out std_logic) ;
end caideng;
```

```vhdl
architecture one of caideng is
signal p: integer range 0 to 27;
signal clk_500, clk_50, clk_10, clk_1: std_logic;
signal w: std_logic;

begin
process( clk)
variable cnt1 : integer range 0 to 200;
variable cnt2 : integer range 0 to 250;
begin
    if clk' event and clk = '1' then
        if cnt1 = 200 then
            cnt1: = 0;
            if cnt2 = 250 then
                cnt2: = 0;
                clk_500 <= not clk_500;
            else
                cnt2: = cnt2 + 1;
            end if;
        else
            cnt1: = cnt1 + 1;
        end if;
    end if;
end process;

process( clk_500)
    variable cnt1 : integer range 0 to 50;
    begin
    if clk_500'event and clk_500 = '1' then
        if cnt1 = 50 then
            cnt1: = 0;
            clk_50 <= not clk_50;
        else
            cnt1: = cnt1 + 1;
        end if;
    end if;
end process;

process( clk_50)
```

```vhdl
    variable cnt1 : integer range 0 to 5;
    begin
    if clk_50' event and clk_50 = ' 1' then
        if cnt1 = 5 then
            cnt1 : = 0;
            clk_10 < = not clk_10;
        else
            cnt1 : = cnt1 + 1;
        end if;
    end if;
end process;


process( clk_10)
    variable cnt1 : integer range 0 to 5;
    begin
    if clk_10'event and clk_10 = '1' then
        if cnt1 = 5 then
            cnt1 : = 0;
            clk_1 < = not clk_1;
        else
            cnt1 : = cnt1 + 1;
        end if;
    end if;
end process;


process( speed)
begin
case speed is
   when "00" => w <= clk_500;
   when "01" => w <= clk_50;
   when "10" => w <= clk_10;
   when "11" => w <= clk_1;
   when others => null;
   end case;
end process;


process( w)
begin
if w'event and w = '1' then
   if( p = 27) then
```

```
        p <= 0;
    else
        p <= p + 1;
            end if;
    end if;
    end process;


    process( rst, p)
    variable r1, g1, y1 : std_logic;
    variable row_1:    std_logic_vector( 3 downto 0) ;
    begin
    if rst = '0' then
    row_1: = "1111"; r1: = '0'; g1: = '0'; y1: = '0';
    else
    case p is
    when 0 => row_1: = "1110"; r1: = '1'; y1: = '0'; g1: = '0';
    when 1 => row_1: = "1110"; r1: = '0'; y1: = '1'; g1: = '0';
    when 2 => row_1: = "1110"; r1: = '0'; y1: = '0'; g1: = '1';
    when 3 => row_1: = "1101"; r1: = '0'; y1: = '0'; g1: = '1';
    when 4 => row_1: = "1101"; r1: = '0'; y1: = '1'; g1: = '0';
    when 5 => row_1: = "1101"; r1: = '1'; y1: = '0'; g1: = '0';
    when 6 => row_1: = "1011"; r1: = '0'; y1: = '0'; g1: = '1';
    when 7 => row_1: = "1011"; r1: = '0'; y1: = '1'; g1: = '0';
    when 8 => row_1: = "1011"; r1: = '1'; y1: = '0'; g1: = '0';
    when 9 => row_1: = "0111"; r1: = '1'; y1: = '0'; g1: = '0';
    when 10 => row_1: = "0111"; r1: = '0'; y1: = '1'; g1: = '0';
    when 11 => row_1: = "0111"; r1: = '0'; y1: = '0'; g1: = '1';
    when 12 => row_1: = "1110"; r1: = '1'; y1: = '1'; g1: = '0';
    when 13 => row_1: = "1101"; r1: = '1'; y1: = '1'; g1: = '0';
    when 14 => row_1: = "1011"; r1: = '1'; y1: = '1'; g1: = '0';
    when 15 => row_1: = "0111"; r1: = '1'; y1: = '1'; g1: = '0';
    when 16 => row_1: = "1011"; r1: = '0'; y1: = '1'; g1: = '0';
    when 17 => row_1: = "0111"; r1: = '1'; y1: = '0'; g1: = '1';
    when 18 => row_1: = "1110"; r1: = '0'; y1: = '1'; g1: = '0';
    when 19 => row_1: = "1101"; r1: = '0'; y1: = '1'; g1: = '0';
    when 20 => row_1: = "1110"; r1: = '1'; y1: = '1'; g1: = '0';
    when 21 => row_1: = "1110"; r1: = '0'; y1: = '1'; g1: = '1';
    when 22 => row_1: = "1101"; r1: = '1'; y1: = '1'; g1: = '0';
    when 23 => row_1: = "1101"; r1: = '0'; y1: = '1'; g1: = '1';
    when 24 => row_1: = "1011"; r1: = '1'; y1: = '1'; g1: = '0';
```

when 25 => row_1: = "1011"; r1: = '0'; y1: = '1'; g1: = '1';

when 26 => row_1: = "0111"; r1: = '1'; y1: = '1'; g1: = '0';

when 27 => row_1: = "0111"; r1: = '0'; y1: = '1'; g1: = '1';


end case;

end if;

row <= row_1; r <= r1; y <= y1; g <= g1;


end process;

end one;

## 6. 引脚分配图

| | | | |
|---|---|---|---|
| clk | Input | PIN_12 | |
| g | Output | PIN_71 | |
| r | Output | PIN_72 | |
| row[3] | Output | PIN_69 | |
| row[2] | Output | PIN_68 | |
| row[1] | Output | PIN_67 | |
| row[0] | Output | PIN_66 | |
| rst | Input | PIN_39 | |
| speed[1] | Input | PIN_30 | |
| speed[0] | Input | PIN_33 | |
| y | Output | PIN_70 | |

图 9.2　引脚分配图

## 7. 思考与练习

设计一个可以变换彩灯变化速度的彩灯控制器，该如何设计？

# 相关知识

## 一、状态机在 VHDL 中的实现

状态机可以说是一个广义时序电路，触发器、计数器、移位寄存器等都算是它的特殊功能类型的一种。实际时序电路中的状态数是有限的，因此又叫作有限状态机。

用 VHDL 设计状态机不必知道其电路具体实现的细节，而只需要在逻辑上加以描述。

状态机又分为 Moore 型和 Mealy 型，前者的输出仅取决于其所处状态；而后者的输出则不仅与当前所处状态有关，同时也与当前的输入有关。下面分别介绍这两种状态机在 VHDL 中的实现。

## 二、Moore 状态机的 VHDL 描述

Moore 状态机的输出仅由状态决定，一个典型的 Moore 状态机的状态转移图如图 9.3 所示。

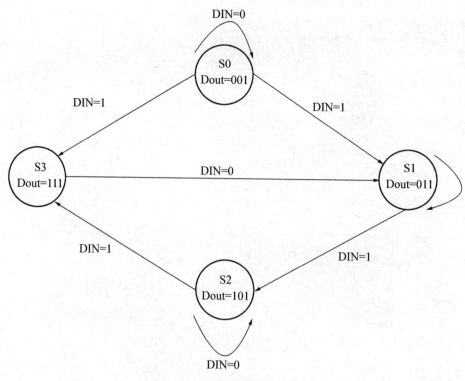

图 9.3　Moore 状态机的状态转移图

【例程 1】

```
library ieee;
use ieee. std_logic_1164. all;

entity moore is
port
( reset: in std_logic;
  clock: in std_logic;
    din: in std_logic;
  dout: out std_logic_vector( 2 downto 0)
  );
end;

architecture mooremachine of moore is
type state_type is ( s0, s1, s2, s3);
signal state:    state_type;
begin
change_state:    - -此进程用以确定状态的转移
              process ( reset, clock)
```

```vhdl
        begin
            if reset = '1' then
                state <= s0;
            elsif rising_edge ( clock) then
                case state is
                    when s0 =>
                        if din = '1' then
                            state <= s1;
                        end if;
                    when s1 =>
                        if din = '1' then
                            state <= s2;
                        end if;
                    when s2 =>
                        if din = '1' then
                            state <= s3;
                        end if;
                    when s3 =>
                        if din = '1' then
                            state <= s0;
                        else
                            state <= s1;
                        end if;
                end case;
            end if;
        end process;
output_process:          --此进程决定输出值
        process ( state)
        begin
            case state is
                when s0 => dout <= "001";
                when s1 => dout <= "011";
                when s2 => dout <= "101";
                when s3 => dout <= "111";
            end case;
        end process;

    end;
```

仿真波形图如下：

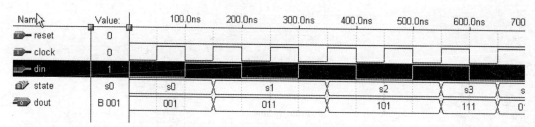

例程1是默认的状态机描述格式之一，因此其仿真波形图中将state以状态名的形式表示出来，使仿真结果十分直观、易懂。

决定状态转移的进程chang_state格式是相对固定的，而决定输出值的进程则还可以用WITH_SELECT语句来代替。

状态机除了上述描述的格式外，还有另外一种常用的格式，如例程2。该格式是严格按时钟同步状态机机构来写的。

【例程2】

```
library ieee;
use ieee. std_logic_1164. all;

entity moore1 is
port
  ( reset: in std_logic;
  clock: in std_logic;
    din: in std_logic;
  dout: out std_logic_vector( 2 downto 0)
    );
end;

architecture mooremachine of moore1 is
type state_type is ( s0, s1, s2, s3);
signal presentstate:    state_type;
signal          nextstate:    state_type;
begin

state_reg:                              -- 相当于状态存储器
  process( reset, clock)
  begin
    if reset = '1' then
        presentstate <= s0;
    elsif rising_edge( clock) then
        presentstate <= nextstate;
    end if;
  end process;
```

```
change_state:
    process( presentstate, din)
    begin
        case presentstate is
            when s0 =>
                if din = '1' then
                    nextstate <= s1;
                else
                    nextstate <= s0;
                end if;
                    dout <= "001";
            when s1 =>
                if din = '1' then
                    nextstate <= s2;
                else
                    nextstate <= s1;
                end if;
                    dout <= "011";
        when s2 =>
                if din = '1' then
                    nextstate <= s3;
                else
                    nextstate <= s2;
                end if;
                    dout <= "101";

            when s3 =>
                if din = '1' then
                    nextstate <= s0;
                else
                    nextstate <= s1;
                end if;
                    dout <= "111";
        end case;
    end process;
    end;
```

-- 相当于"下一个状态逻辑"和"输出逻辑"
-- 的结合, 也可以将输出逻辑像例 1 一样
-- 独立出来

## 三、Mealy 状态机的描述

Mealy 状态机的输出是由当前的状态与输入共同决定的。图 9.4 是一个典型的 Mealy 状态机的状态转移图。

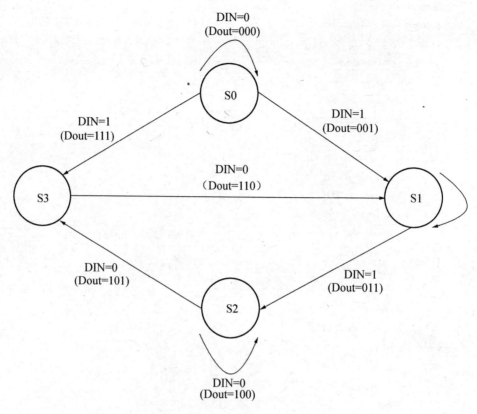

图 9.4　Mealy 状态机的状态转移图

【例程 3】

```
library ieee;
use ieee. std_logic_1164. all;

entity mealymachine is
port
  ( reset: in std_logic;
  clock: in std_logic;
    din: in std_logic;
  dout: out std_logic_vector( 2 downto 0)
    );
end;

architecture statemachine of mealymachine is
type state_type is ( s0, s1, s2, s3);
signal state: state_type;

begin
change_state:                            --此进程用以确定状态的转移
```

```
    process( reset, clock)
    begin
        if reset = '1' then
            state <= s0;
        elsif rising_edge( clock) then
            case state is
                when s0 =>
                if din = '1' then
                    state <= s1;
                end if;
                 when s1 =>
                if din = '1' then
                    state <= s2;
                end if;
when s2 =>
                if din = '1' then
                    state <= s3;
                end if;
                 when s3 =>
                if din = '1' then
                    state <= s0;
                else
                    state <= s1;
                end if;
                end case;
            end if;
end process;
output_process:                          --此进程决定输出值
    process( state, din)
    begin
        case state is
            when s0 =>
            if din = '0' then
                dout  <= "000";
            else
                dout <= "001";
            end if;
            when s1 =>
            if din = '0' then
                dout  <= "010";
            else
                dout <= "011";
            end if;
```

```
            when s2 =>
                if din = '0' then
                    dout  <= "100";
                else
                    dout <= "101";
                end if;
                when s3 =>
                if din = '0' then
                    dout  <= "110";
                else
                    dout <= "111";
                end if;
            end case;
        end process;
    end;
```

仿真波形图如下：

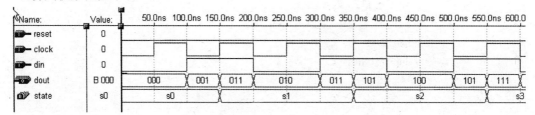

### 四、状态机的容错设计

状态机的容错设计主要是针对未定义状态（或称剩余状态）。状态机的每一状态即对应着一个用二进制表示的状态编码，因此，若状态机中定义的状态数不足 $2N$（$N$ 为状态编码的二进制位数），则必然会有一些状态编码未使用，即存在剩余状态。例如，在状态机中定义了 3 个状态，那么它们对应的编码是用 2 位二进制数表示的，分别是 00、01、10，而 11 则未使用，这就是剩余状态了。系统一旦意外进入此状态，状态机的行为将出错。

为了使系统进入未定义状态后能够回复正常工作，那么需要在 CASE 语句中加上 WHEN OTHERS 语句，指明出现其他未知状态时的处理方法。

一般有以下两种处理方法：

（1）单独设计一个状态（如 Error），用以处理状态机出错时的情况，然后用

WHEN OTHERS => State <= Error;

使状态机从未定义状态中跳转到处理出错情况的状态。

（2）直接回复到其他已设定的状态。如果系统对状态机的容错性要求不是很高，那么可以不对状态机出错进行事后处理，直接回复到某一确定状态即可（通常是回复到初始状态）。

# 项目十 汽车尾灯控制器

## 1. 设计要求

假设汽车尾部左右两侧各有 3 盏指示灯，其控制功能应包括：① 汽车正常行驶时指示灯都不亮；② 汽车右转弯时，右侧的一盏指示灯闪烁；③ 汽车左转弯时，左侧的一盏指示灯闪烁；④ 汽车刹车时，左右两侧的一盏指示灯同时亮；⑤ 汽车在夜间行驶时，左右两侧的一盏指示灯同时一直亮，供照明使用。

## 2. 任务分析

模拟汽车尾灯，使汽车在处于不同状态时，汽车尾灯做出不同的显示，以通知后方车辆。其工作原理主要是手动控制不同的状态开关，使得汽车尾灯做出不同状态的显示。

## 3. 设计原理

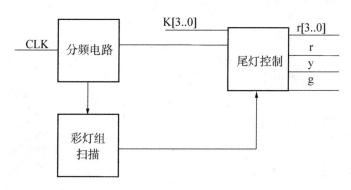

图 10.1　设计原理图

## 4. 硬件要求

含有芯片 EPM240T100C5 的开发板、下载线与电源线。4 个拨码开关，4 组红绿黄 LED 灯。拨码开关尾灯的显示开关。LED 灯是模仿汽车尾部的尾灯。

## 5. 源程序（∗.vhd）

```
library ieee;
use ieee. std_logic_1164. all;
use ieee. std_logic_arith. all;
use ieee. std_logic_unsigned. all;

entity wd is
port(
    clk: in std_logic;
    k1, k2, k3, k4: in std_logic;
    r, y, g: out std_logic;
    row: out std_logic_vector( 3 downto 0)
```

```
        );
end wd;

architecture one of wd is
signal w: integer range 0 to 3;
signal a, b, c, d: integer range 0 to 7;

signal clk1, clk2: std_logic;
begin

process( clk) - -1Hz 接彩灯
variable cnt1: integer range 0 to 2000;
variable cnt2: integer range 0 to 12500;
begin
    if clk'event and clk = '1' then
        if cnt1 = 2000 then
            cnt1: = 0;
        if cnt2 = 12500 then
            cnt2: = 0;
        clk1 <= not clk1;
        else
            cnt2: = cnt2 + 1;
        end if;
        else
            cnt1: = cnt1 + 1;
end if;
end if;
end process;

process( clk) - -1000Hz 接 row 的选端
variable cnt1: integer range 0 to 2000;
variable cnt2: integer range 0 to 12500;
begin
if clk'event and clk = '1' then
        if cnt1 = 100 then
            cnt1: = 0;
        if cnt2 = 250 then
            cnt2: = 0;
        clk2 <= not clk2;
        else
            cnt2: = cnt2 + 1;
        end if;
        else
```

```
                cnt1: = cnt1 + 1;
        end if;
        end if;
        end process;


        process( k1, k2, k3, k4)
        begin
        if k1 = '1' then
        a <= 0;
        else a <= 1;
        end if;

        if k2 = '1' then
        b <= 2;
        else b <= 3;
        end if;

        if k3 = '1' then
        c <= 4;
        else c <= 5;
        end if;

        if k4 = '1' then
        d <= 6;
        else d <= 7;
        end if;
        end process;

        process( clk2)
        variable q: integer range 0 to 7;
        begin
        if rising_edge( clk2) then
        if w = 3 then
        w <= 0;
        else
        w <= w + 1;
        end if;
        end if;
        case w is
        when 0 => row <= "1101";
           q: = a;
        when 1 => row <= "0111";
```

```
        q: = b;
    when 2 => row <= "0101";
        q: = c;
    when 3 => row <= "0101";
        q: = d;
    when others => row <= "0000";
    q: = 0;
    end case;
    case q is
    when 0 => r <= '0'; y <= clk1; g <= '0';
    when 2 => r <= '0'; y <= clk1; g <= '0';
    when 4 => r <= '1'; y <= '0'; g <= '0';
    when 6 => r <= '0'; y <= '0'; g <= '1';
    when others => r <= '0'; y <= '0'; g <= '0';
    end case;
    end process;
    end one;
```

6. 引脚分配图

| | | Node Name | Direction | Location | I/O Bank |
|---|---|---|---|---|---|
| 1 | | dk | Input | PIN_12 | 1 |
| 2 | | g | Output | PIN_71 | 2 |
| 3 | | k1 | Input | PIN_30 | 1 |
| 4 | | k2 | Input | PIN_33 | 1 |
| 5 | | k3 | Input | PIN_34 | 1 |
| 6 | | k4 | Input | PIN_35 | 1 |
| 7 | | r | Output | PIN_72 | 2 |
| 8 | | row[3] | Output | PIN_69 | 2 |
| 9 | | row[2] | Output | PIN_68 | 2 |
| 10 | | row[1] | Output | PIN_67 | 2 |
| 11 | | row[0] | Output | PIN_66 | 2 |
| 12 | | y | Output | PIN_70 | 2 |
| 13 | | <<new node>> | | | |

图 10.2　引脚分配图

7. 思考与练习

联系现实生活中的真实汽车的尾灯，并做出改进。

# 项目十一  交通灯控制器

1. 设计要求

（1）在十字路口的两个方向上各设一组红、绿、黄灯，显示顺序为其中一方向（东西方向）是绿灯、黄灯、红灯；另一方向（南北方向）是红灯、绿灯、黄灯。

（2）设置一组数码管，以倒计时的方式显示允许通行或禁止通行的时间，其中绿灯、黄灯、红灯的持续时间分别是20s、5s和25s。

（3）当各条路上任意一条上出现特殊情况时，如当消防车、救护车或其他需要优先放行的车辆通过时，各方向上均是红灯亮，倒计时停止，且显示数字在闪烁。当特殊运行状态结束后，控制器恢复原来状态，继续正常运行。

（4）选做：用两组数码管实现双向倒计时显示。

2. 任务分析

本题逻辑简单，用到的外围器件也不多，作为初学者设计的第一个系统非常合适。从题目中很容易看出，本题的重点在计时上，因此计数器是必不可少的。对于这个系统，即可以只用计数器实现，也可以用计数器配合状态机来实现。前者实现起来比较简单，占用资源较少，但程序的可读性可能不如状态机好。下面设计的提示采用计数器完成，未使用状态机。

计数器的计数值与交通灯亮灭的关系如图11.1所示。

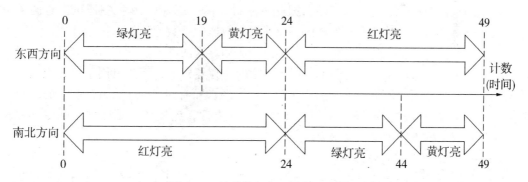

图11.1  计数值与交通灯亮灭的关系

3. 设计原理

显然，本课题的核心是一个计数范围为0～49（共50 s）的计数器和一个根据计数值做出规定反应的控制器。另外，所用实验箱配备的晶振为20MHz，因此还需要一个分频电路。最后，要驱动七段数码管，显然还需要一个译码电路。

根据上面的分析，可以画出如图11.2所示的系统框图。

（1）计数器的设计

这里需要的计数器的计数范围为0～49。计到49后，下一个时钟沿回复到0，开始下一轮计数。此外，当检测到特殊情况（Hold = '1'）发生时，计数器暂停计数，而系统复

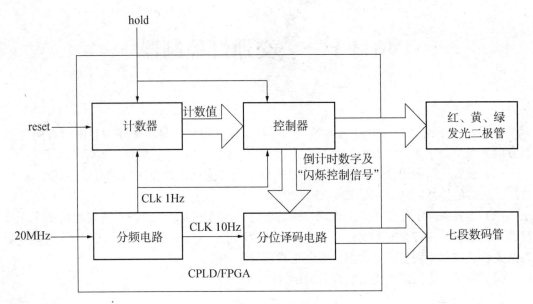

图 11.2　交通灯控制器系统框图

位信号 Reset 则使计数器异步清零。

（2）控制器的设计

控制器的作用是根据计数器的计数值控制发光二极管的亮、灭，以及输出倒计时数值给七段数译管的分位译码电路。此外，当检测到特殊情况（Hold = '1'）发生时，无条件点亮红色的发光二极管。

由于控制器要对计数值进行判断，因此可用 IF 语句来实现。本控制器可以有两种设计方法，第一种是利用时钟沿的下降沿读取前级计数器的计数值，然后做出反应；第二种是将本模块设计成纯组合逻辑电路，不需要时钟驱动。这两种方法各有所长，必须根据所用器件的特性进行选择：比如有些 FPGA 有丰富的寄存器资源，而且可用于组合逻辑的资源则相对较少，那么使用第一种方法会比较节省资源；而有些 CPLD 的组合逻辑资源相对较多，则用第二种方法会更好。大家也可尝试两种方法，比较一下哪种方法所用资源较少，然后在最后的方案中采用这个方法。

（3）分位译码电路的设计

因为控制器输出的倒计时数值可能是一位或者两位十进制数，所以在七段数码管的译码电路前要加上分位电路（即将其分为两个一位十进制数，如 25 分为 2 和 5，7 分为 0 和 7）。

与控制器一样，分位电路同样可以由时钟驱动，也可以设计成纯组合逻辑电路。控制器中，引入了寄存器。

4. 硬件要求

在硬件方面，主要是含有芯片 EPM240T100C5 的开发板、下载线与电源线。交通控制器主要用到了 2 个拨码开关和 4 组红绿黄 LED 灯。拨码开关分别是 rst 是复位开关，hold 是紧急开关。4 组 LED 灯是东西和南北两个方向的交通指示灯。

## 5. 源程序（*.vhd）

```vhd
library ieee;                              -----库
use ieee. std_logic_1164. all;
use ieee. std_logic_unsigned. all;
use ieee. std_logic_arith. all;

entity traffic is                          ---实体
port(
        clk, en: in std_logic;
        rst: in std_logic; ----紧急状态
        scan: out std_logic_vector( 5 downto 0);    ------数码管地址选择信号
        bcd: out std_logic_vector( 7 downto 0);     ------7 段数码的信号端
        r: out std_logic_vector( 2 downto 0);       ------灯的输出端
        dp: out std_logic_vector( 3 downto 0)       -------灯的地址

        );
end;

architecture one of traffic is             ----------------结构体
    type light_state is( gr, yr, rg, ry);           -------4 种状态
    signal clk_1k, clk_1h: std_logic;               ---------分频1H, 1K 时钟信号源
    signal cnt6: integer range 0 to 3;              ----------数码管动态扫描地址数
    signal cnt5: integer range 0 to 3;              ---------灯动态扫描地址数
    signal dout: std_logic_vector( 5 downto 0);     -------数码管的位选地址
    signal cout: std_logic_vector( 3 downto 0);     ------灯的位选地址
    signal led: integer range 0 to 2;               -----------红黄绿的三种状态
    signal d1, d2, d3, d4: integer range 0 to 2;
    signal l: std_logic_vector( 3 downto 0);
    signal s: std_logic_vector( 7 downto 0);
    signal led1, led2, led3, led4: std_logic_vector( 3 downto 0);
begin

    ----------------交通状态---------
process( clk_1h)
    variable a: std_logic: = '0';                   ---------倒计时赋值标志
    variable te_state, ct_state, nt_state: light_state;
begin
if rst = '1' then                           ----------紧急的状态
        d1 <= 2;
        d2 <= 2;
        d3 <= 2;
```

```
              d4 <= 2;
              a: = '0';
          nt_state: = te_state;
    else
      if en = '1' then                              − − − − − − − 使能端
          ct_state: = gr;
      elsif clk_1h'event and clk_1h = '1' then
          ct_state: = nt_state;
        case ct_state is

          when gr =>                                − − − − − 状态 gr, 主干道绿灯倒计时 20s
            case a is
              when '0'  =>
                  d1 <= 1;                           − − − − − − − − − 主干绿灯亮
                  d2 <= 2;                           − − − − − − − − − 支干红灯亮
                  d3 <= 1;
                  d4 <= 2;
          a: = '1';
          led1 <= "0000";
          led2 <= "0010";
          led3 <= "0101";
          led4 <= "0010";
            when others  =>                          − − 如果倒计时结束, 则转到 yr 状态
          case led1 is                               − − − − − − − 主干倒计时
        when "0000" =>
          led1 <= "1001";
          led2 <= led2 − 1;
        when "0001" =>
              case led2 is
                when "0000"  =>
                    led1 <= "0000";
                    led2 <= "0000";
                a: = '0';
                nt_state: = yr;
                    te_state: = nt_state;
              when others  =>
                    led1 <= "0000";
            end case;
          when others =>
        led1 <= led1 − 1;
        end case;
```

```
    case led3 is                          − − − − − − − − −支干的倒计时
when "0000" =>
    led3 <= "1001";
    led4 <= led4 − 1;
when "0001" =>
                case led4 is
              when "0000"  =>
                    led3 <= "0000";
                    led4 <= "0000";
            when others  =>
                led3 <= "0000";
                    end case;
        when others =>
    led3 <= led3 − 1;
    end case;
end case;


    when yr =>                            − − − − − −状态 gr, 主干道黄灯倒计时 25 s
        case a is
            when '0'  =>

                    d1 <= 0;              − − − − − − − − −主干黄灯亮
                    d2 <= 2;              − − − − − − − − −主干红灯亮
                    d3 <= 0;
                    d4 <= 2;
            a: = '1';
            led1 <= "0100";
            led2 <= "0000";
            led3 <= "0100";
            led4 <= "0000";
        when others  =>                   − −如果倒计时结束, 则转到 rg 状态
    case led1 is
when "0000" =>                            − − − − − − − −主干的倒计时
    led1 <= "1001";
    led2 <= led2 − 1;
when "0001" =>
                case led2 is
              when "0000"  =>
                led1 <= "0000";
```

```
                    led2 <= "0000";
                    a: = '0';
                    nt_state: = rg;
                            te_state: = nt_state;
                when others  =>
                led1 <= "0000";
                        end case;
            when others =>
        led1 <= led1 – 1;
        end case;


    case led3 is
    when "0000" =>                              – – – – – – – – –支干的倒计时
        led3 <= "1001";
        led4 <= led4 – 1;
    when "0001" =>
                    case led4 is
                    when "0000"  =>
                        led3 <= "0000";
                        led4 <= "0000";
                    when others  =>
                    led3 <= "0000";
                            end case;
            when others =>
        led3 <= led3 – 1;
        end case;
    end case;


        when rg =>                              – – – – –状态 ry, 支干道绿灯倒计时 20s
            case a is
                when '0'  =>
                    d1 <= 2;                     – – – – – – – – – 主干红灯亮
                    d2 <= 1;                     – – – – – – – – – 主干绿灯亮
                    d3 <= 2;
                    d4 <= 1;
        a: = '1';
        led1 <= "0101";
        led2 <= "0010";
        led3 <= "0000";
        led4 <= "0010";
```

```
        when others  =>                            --如果倒计时结束,则转到 ry 状态
    case led1 is
    when "0000" =>                                  ---------主干的倒计时
        led1 <= "1001";
        led2 <= led2 - 1;
    when "0001" =>
                case led2 is
            when "0000"  =>
                led1 <= "0000";
                led2 <= "0000";
        when others  =>
            led1 <= "0000";
                    end case;
        when others =>
    led1 <= led1 - 1;
    end case;


        case led3 is
    when "0000" =>                                  ---------支干的倒计时
        led3 <= "1001";
        led4 <= led4 - 1;
    when "0001" =>
                case led4 is
            when "0000"  =>
                led3 <= "0000";
                led4 <= "0000";
                a: = '0';
                nt_state: = ry;
            when others  =>
                led3 <= "0000";
                    end case;
        when others =>
    led3 <= led3 - 1;
     end case;
    end case;


        when ry =>                                  -------状态 gr, 主干道黄灯倒计时 5s
            case a is
            when '0'  =>
                    d1 <= 2;
                    d2 <= 0;
```

```
                    d3 <= 2;
                    d4 <= 0;
            a: = '1';
        led1 <= "0100";
        led2 <= "0000";
        led3 <= "0100";
        led4 <= "0000";
            when others  =>                        --如果倒计时结束,则转到 gr 状态
    case led1 is
    when "0000" =>                                -  -  -  -  -  -  -  -  -主干的倒计时
        led1 <= "1001";
        led2 <= led2 - 1;
    when "0001" =>
                    case led2 is
                when "0000"  =>
                led1 <= "0000";
                led2 <= "0000";
                a: = '0';
                nt_state: = gr;
                    te_state: = nt_state;
            when others  =>
                led1 <= "0000";
                        end case;
            when others =>
        led1 <= led1 - 1;
        end case;


            case led3 is
    when "0000" =>                                -  -  -  -  -  -  -  -  -支干的倒计时
        led3 <= "1001";
        led4 <= led4 - 1;
    when "0001" =>
                    case led4 is
                when "0000"  =>
                    led3 <= "0000";
                    led4 <= "0000";
                when others  =>
                    led3 <= "0000";
                        end case;
            when others =>
        led3 <= led3 - 1;
```

```
          end case;
        end case;
      end case;
      end if;
    end if;
end process;
```

------------------- 1k -----------------------------

```
      process( clk)
          variable cnt1: integer range 0 to 250;
          variable cnt2: integer range 0 to 100;
            begin
          if   clk′event and clk = ′1′ then
            if cnt1 = 250 then
              cnt1: = 0;
                if cnt2 = 100 then
                  cnt2: = 0;
                  clk_1k <= not clk_1k;
                else
                    cnt2: = cnt2 + 1;
                end if;
            else
                cnt1: = cnt1 + 1;
            end if;
          end if;
      end process;
```

------------------- 1Hz ----------------------------

```
process( clk)
      variable cnt1: integer range 0 to 2500;
      variable cnt2: integer range 0 to 10000;
        begin
      if   clk′event and clk = ′1′ then
        if cnt1 = 2500 then
          cnt1: = 0;
            if cnt2 = 10000 then
              cnt2: = 0;
              clk_1h <= not clk_1h;
            else
                cnt2: = cnt2 + 1;
            end if;
        else
```

```
                cnt1: = cnt1 + 1;
            end if;
        end if;
    end process;

- - - - - - - - - - - -数码管地址扫描- - - - - - - -
process( clk_1k)
    begin
        if clk_1k'event and clk_1k = '1' then
                if cnt6 = 3 then
                    cnt6 <= 0;
                else
                    cnt6 <= cnt6 + 1;
                end if;
        end if;
    end process;

process( cnt6)
begin
    case cnt6 is         - - - - - - - - - - - - - -扫描数码管位地址
        when 0  => dout <= "111110";
        when 1  => dout <= "111101";
        when 2  => dout <= "110111";
        when 3  => dout <= "101111";
        when others => null;
    end case;
end process;

process( dout)
begin
        case dout is
            when "111110" => cout <= led1;
            when "111101" => cout <= led2;
            when "110111" => cout <= led3;
            when "101111" => cout <= led4;
            when others => null;
        end case;
    end process;
- - - - - - - - - - - - - - - -BCD 数码管译码- - - - - - - - - - - - - - -
process( cout)
begin
    case cout is
        when "0000"  => s <= "00111111"; - - 0
```

```
            when "0001"  => s <= "00000110"; - - 1
            when "0010"  => s <= "01011011"; - - 2
            when "0011"  => s <= "01001111"; - - 3
            when "0100"  => s <= "01100110"; - - 4
            when "0101"  => s <= "01101101"; - - 5
            when "0110"  => s <= "01111101"; - - 6
            when "0111"  => s <= "00000111"; - - 7
            when "1000"  => s <= "01111111"; - - 8
            when "1001"  => s <= "01101111"; - - 9; `
            when others  => null;
        end case;
    end process;
    - - - - - - - - - - -灯地址扫描- - - - - - - - - - - -
    process( clk_1k)
        begin
        if clk_1k'event and clk_1k = '1' then
                if cnt5 = 3 then                    - - - - - - - - - - - -扫描灯的地址
                    cnt5 <= 0;
                else
                    cnt5 <= cnt5 + 1;
                end if;
        end if;
    end process;

    process( cnt5)
    begin
        case cnt5 is
            when 0  => l <= "1110";
            when 1  => l <= "1101";
            when 2  => l <= "1011";
            when 3  => l <= "0111";
            when others => null;
        end case;
    end process;

    process( l)
    begin
        case l is
            when "1110" => led <= d1;
            when "1101" => led <= d2;
            when "1011" => led <= d3;
            when "0111" => led <= d4;
            when others => null;
```

```
            end case;
        end process;
        - - - - - - -灯状态扫描- - - - - - -
        process( led)
            begin
                case led is
                    when 0  => r <= "001";
                    when 1  => r <= "010";
                    when 2  => r <= "100";
                    when others  => null;
                    end case;
            end process;
        scan <= dout;
        dp <= l;
        bcd <= s;
        end;
```

编译成功后,就进行引脚分配再进行编译。确认无误后,可下载到实验板上来验证设计效果。

表 11.1 (交通控制器的引脚分配)

| | | Node Name | Direction | Location | I/O Bank |
|---|---|---|---|---|---|
| 1 | | bcd[7] | Output | PIN_100 | 2 |
| 2 | | bcd[6] | Output | PIN_99 | 2 |
| 3 | | bcd[5] | Output | PIN_98 | 2 |
| 4 | | bcd[4] | Output | PIN_97 | 2 |
| 5 | | bcd[3] | Output | PIN_96 | 2 |
| 6 | | bcd[2] | Output | PIN_95 | 2 |
| 7 | | bcd[1] | Output | PIN_92 | 2 |
| 8 | | bcd[0] | Output | PIN_91 | 2 |
| 9 | | clk | Input | PIN_12 | 1 |
| 10 | | dp[3] | Output | PIN_66 | 2 |
| 11 | | dp[2] | Output | PIN_67 | 2 |
| 12 | | dp[1] | Output | PIN_68 | 2 |
| 13 | | dp[0] | Output | PIN_69 | 2 |
| 14 | | en | Input | PIN_30 | 1 |
| 15 | | r[2] | Output | PIN_72 | 2 |
| 16 | | r[1] | Output | PIN_71 | 2 |
| 17 | | r[0] | Output | PIN_70 | 2 |
| 18 | | rst | Input | PIN_33 | 1 |
| 19 | | scan[5] | Output | PIN_1 | 2 |
| 20 | | scan[4] | Output | PIN_2 | 1 |
| 21 | | scan[3] | Output | PIN_3 | 1 |
| 22 | | scan[2] | Output | PIN_4 | 1 |
| 23 | | scan[1] | Output | PIN_5 | 1 |
| 24 | | scan[0] | Output | PIN_6 | 1 |

另一程序编写:

```
library ieee;
use ieee. std_logic_1164. all;
use ieee. std_logic_arith. all;
use ieee. std_logic_unsigned. all;
-------------------------------实体
entity jtd is
    port( clk: in std_logic;
        wei: out std_logic_vector( 5 downto 0) ;
        row:  out STD_LOGIC_VECTOR( 3 downto 0) ;        --输出灯组控制
        r, y, g: out    STD_LOGIC;
      duan: out std_logic_vector( 7 downto 0)
    );
end entity;
------------------------------结构体
architecture led of jtd is
------------------------------定义语句
signal count: integer range 0 to 49;
signal clk_500 : std_logic;    ----1kHz 分频
signal clk_1h : std_logic; --1s 时钟
signal r0, y0, g0 : std_logic; --横向路口控制信号
signal r1, y1, g1 : std_logic; --纵向路口控制信号
signal numa, numb, numc, numd: integer range 0 to 9;
signal t: std_logic_vector( 5 downto 0) ;
signal numh, numz: integer range 0 to 25;
------------------------------结构体开始
  begin
-- * * * * * * * * * * * *1kHz 分频程序 * * * * * * * * * * * * * * * * *
  process( clk)
      variable cnt1 : integer range 0 to 200;
      variable cnt2 : integer range 0 to 250;
      begin
          if clk'event and clk = '1' then
          if cnt1 = 200 then
              cnt1: = 0;
              if cnt2 = 250 then
                  cnt2: = 0;
                  clk_500 <= not clk_500;
              else
                  cnt2: = cnt2 + 1;
```

```
                    end if;
              else
                    cnt1 : = cnt1 + 1;
              end if;
         end if;
    end process;
-- * * * * * * * * * * 1Hz 分频程序 * * * * * * * * * * * * * * * * * * *
    process( clk_500)
         variable cnt1 : integer range 0 to 250;
         begin
         if clk_500'event and clk_500 = '1' then
              if cnt1 = 250 then
                    cnt1 : = 0;
                    clk_1h <= not clk_1h;
              else
                    cnt1 : = cnt1 + 1;
              end if;
         end if;
    end process;
-- * * * * * * * * * * 交通灯状态控制进程 * * * * * * * * * * * 50s 总时序进程
    process( clk_1h)
         variable countnum: integer range 0 to 49;
         begin
         if clk_1h'event and clk_1h = '1' then
              countnum: = countnum + 1;
         end if;

         if countnum = 50 then
              countnum: = 0;
         end if;

         count <= countnum;
    end process;
-- - - - - - - - - - - - - - - - - - - - - - - - - - - - - - - - - - 状态控制进程
         process( count)
              begin
              if count <= 19 then
                    numh <= 24 - count;
                    numz <= 19 - count;
                    r0 <= '1'; y0 <= '0'; g0 <= '0';    - - - - 横向
```

```
                r1 <= '0'; y1 <= '0'; g1 <= '1';      - - - -纵向
            elsif count <= 24 then
                    numh <= 24 - count;
                    numz <= 24 - count;
                    r0 <= '1'; y0 <= '0'; g0 <= '0';      - - - -横向
                    r1 <= '0'; y1 <= '1'; g1 <= '0';      - - - -纵向
            elsif count <= 44 then
                    numh <= 44 - count;
                    numz <= 49 - count;
                    r0 <= '0'; y0 <= '0'; g0 <= '1';      - - - -横向
                    r1 <= '1'; y1 <= '0'; g1 <= '0';      - - - -纵向
            else
                    numh <= 49 - count;
                numz <= 49 - count;
                    r0 <= '0'; y0 <= '1'; g0 <= '0';      - - - -横向
                    r1 <= '1'; y1 <= '0'; g1 <= '0';      - - - -纵向
            end if;


    end process;


- - - - - - - - - - - - - - - - - - - - - - - - -数码管位扫描跟阵列交通灯扫描
process( clk_500)
    variable count3: integer range 0 to 6;
    begin
    if clk_500'event and clk_500 = '1' then
            if count3 <= 6 then
                    if count3 = 6 then
                        count3: = 0;
                    end if;
        end if;

case count3 is
when 0  => wei <= "111110"; t <= "000001";
when 1  => wei <= "111101"; t <= "000010";
when 2  => wei <= "111111"; t <= "000100";
when 3  => wei <= "111111"; t <= "001000";
when 4  => wei <= "101111"; t <= "010000";
when 5  => wei <= "011111"; t <= "100000";
when others  => wei <= "111111";
```

```
        end case;
            count3: = count3 + 1;
        end if;
    end process;
```

— — — — — — — — — — — — — — — — — — — — — — — — — — — — — —阵列交通灯扫描

```
    process( clk_500)
    variable count2: integer range 0 to 3;
    begin
    if clk_500′event and clk_500 = ′1′ then
    if count2 <= 4 then
        if count2 = 4 then
        count2: = 0;
        end if;
    end if;

    case count2 is
        when 0 => row <= "1110"; r <= r1; y <= y1; g <= g1;
        when 1 => row <= "1101"; r <= r0; y <= y0; g <= g0;
        when 2 => row <= "1011"; r <= r1; y <= y1; g <= g1;
        when 3 => row <= "0111"; r <= r0; y <= y0; g <= g0;
        when others  => row <= "1111";
    end case;
    count2: = count2 + 1;
    end if;
     end process;
```

— — — — — — — — — — — — — — — — — — — — — — — — — — — — —分位电路

```
    process( numh, numz)
     begin
    if numh >= 20 then
        numa <= 2;
        numb <= numh − 20;
    elsif numh >= 10 then
        numa <= 1;
        numb <= numh − 10;
    else
        numa <= 0;
        numb <= numh;
    end if;

    if numz >= 20 then
```

```
            numc <= 2;
            numd <= numz - 20;
        elsif numz >= 10 then
            numc <= 1;
            numd <= numz - 10;
        else
            numc <= 0;
            numd <= numz;
        end if;
    end process;
```

------------------------------------------------段代码计数查表

```
    process( t)
            variable shu: integer range 0 to 9;
        begin
            if      t(0) = '1' then shu: = numa;
            elsif   t(1) = '1' then shu: = numb;
            elsif   t(2) = '1' then shu: = 0;
            elsif   t(3) = '1' then shu: = 0;
            elsif   t(4) = '1' then shu: = numc;
            else                    shu: = numd;
            end if;

        case shu is
            when 0  => duan <= "00111111";
            when 1  => duan <= "00000110";
            when 2  => duan <= "01011011";
            when 3  => duan <= "01001111";
            when 4  => duan <= "01100110";
            when 5  => duan <= "01101101";
            when 6  => duan <= "01111101";
            when 7  => duan <= "00000111";
            when 8  => duan <= "01111111";
            when 9  => duan <= "01101111";
            when others  => duan <= "00000000";
        end case;
    end process;
```

- - - - - - - - - - - - - - - - - - - - - - - - - - - - - - - - - -

```
end architecture led;
```

6. 引脚分配图

| | | Node Name | Direction | Location | I/O Bank |
|---|---|---|---|---|---|
| 1 | | clk | Input | PIN_12 | 1 |
| 2 | | en[5] | Output | PIN_1 | 2 |
| 3 | | en[4] | Output | PIN_2 | 1 |
| 4 | | en[3] | Output | PIN_3 | 1 |
| 5 | | en[2] | Output | PIN_4 | 1 |
| 6 | | en[1] | Output | PIN_5 | 1 |
| 7 | | en[0] | Output | PIN_6 | 1 |
| 8 | | fm | Output | PIN_7 | 1 |
| 9 | | g | Output | PIN_71 | 2 |
| 10 | | hold | Input | PIN_30 | 1 |
| 11 | | r | Output | PIN_72 | 2 |
| 12 | | row[3] | Output | PIN_69 | 2 |
| 13 | | row[2] | Output | PIN_68 | 2 |
| 14 | | row[1] | Output | PIN_67 | 2 |
| 15 | | row[0] | Output | PIN_66 | 2 |
| 16 | | rst | Input | PIN_39 | 1 |
| 17 | | x[6] | Output | PIN_99 | 2 |
| 18 | | x[5] | Output | PIN_98 | 2 |
| 19 | | x[4] | Output | PIN_97 | 2 |
| 20 | | x[3] | Output | PIN_96 | 2 |
| 21 | | x[2] | Output | PIN_95 | 2 |
| 22 | | x[1] | Output | PIN_92 | 2 |
| 23 | | x[0] | Output | PIN_91 | 2 |
| 24 | | y | Output | PIN_70 | 2 |

图 11.3 引脚分配图

7. 思考与练习

如果到了倒计时三秒会发出警报（用蜂鸣器实现），程序需要怎么改动？

# 项目十二　可调数字电子钟

1. 设计目的

（1）掌握六十进制、二十四进制计数器的设计方法。

（2）掌握用元件例化语句实现多位计数器相连的设计方法。

（3）掌握多位共阴数码管动态扫描显示驱动及编码。

2. 任务要求

（1）具有时、分、秒计数显示功能，以 24 小时循环计时。

（2）可以手动进行时间调节。

（3）具有启动和清零功能。

3. 设计原理

（1）首先是将 50MHz 的脉冲进行分频，分别分出 1Hz 和 500Hz 的脉冲，1Hz 的频率用于秒钟的计数；500Hz 的频率是用于数码管的扫描。

（2）图 12.2 中 qingling 是清零的开关，tiaojie 是调节时间的开关，同时也是使能开关。只有使能开关手处于闭合状态才可以调时（tiaoshi1、tiaoshi2）、调分（tiaofen1、tiaofen2）、调秒（tiaomiao1、tiaomiao2）。

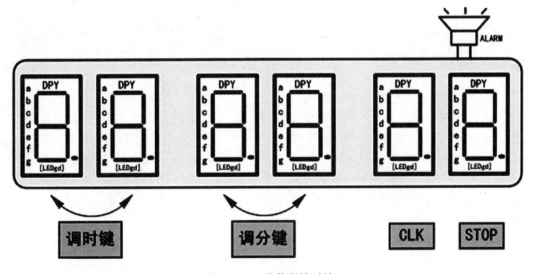

图 12.1　六位数码管时钟

4. 硬件要求

含有芯片 EPM240T100C5 的开发板、下载线与电源线。输入信号为系统自带主时钟。清零开关、调节（使能）开关为拨码开关。调时、调分、调秒开关为 6 个按键开关。输出为 6 位 8 段数码管。

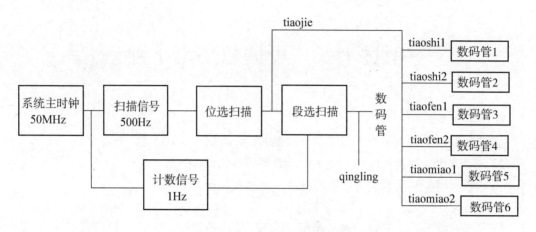

图 12.2  可调数字钟原理图

5. 参考源程序

```
entity szdzz is
port( clk:        in std_logic;
      tiaojie:    in std_logic;
      tiaoshi1:   in std_logic;
      tiaoshi2:   in std_logic;
      tiaofen1:   in std_logic;
      tiaofen2:   in std_logic;
      tiaomiao1:  in std_logic;
      tiaomiao2:  in std_logic;
      qingling:   in std_logic;
      dian:       out std_logic;
      weixuan:    out std_logic_vector( 1 to 6);
      duanxuan:   out std_logic_vector( 1 to 7)
);
end szdzz;
architecture shuzidianzizhong of szdzz is
signal clk_2ms, clk_1s: std_logic;
signal saomiao: integer range 1 to 6;
signal wx: std_logic_vector( 5 downto 0);
signal dx: std_logic_vector( 3 downto 0);
signal deng1, deng2, deng3, deng4, deng5, deng6: std_logic_vector( 3 downto 0);
begin
process( clk)
variable cnt1: integer range 0 to 100;
variable cnt2: integer range 0 to 500;
begin
```

```
    if rising_edge( clk)  then
        if cnt1 = 100 then
            cnt1: = 0;
            if cnt2 = 500 then
                cnt2: = 0;
                clk_2ms <= not clk_2ms;
            else
                cnt2: = cnt2 + 1;
            end if;
        else
            cnt1: = cnt1 + 1;
        end if;
    end if;
end process;
process( clk_2ms)
variable cnt3: integer range 0 to 250;
begin
if rising_edge( clk_2ms)  then
    if cnt3 = 250 then
        cnt3: = 0;
        clk_1s <= not clk_1s;
    else
        cnt3: = cnt3 + 1;
    end if;
        if saomiao = 6 then
            saomiao <= 1;
        else
            saomiao <= saomiao + 1;
        end if;
end if;
end process;
process( saomiao)
begin
case saomiao is
    when 1 => wx <= "111110";
    when 2 => wx <= "111101";
    when 3 => wx <= "111011";
    when 4 => wx <= "110111";
    when 5 => wx <= "101111";
    when 6 => wx <= "011111";
```

```vhdl
        when others => null;
    end case;
        case wx is
            when "111110" => dx <= deng1; dian <= '0';
            when "111101" => dx <= deng2; dian <= '0';
            when "111011" => dx <= deng3; dian <= '1';
            when "110111" => dx <= deng4; dian <= '0';
            when "101111" => dx <= deng5; dian <= '1';
            when "011111" => dx <= deng6; dian <= '0';
            when others => null;
        end case;
    end process;
    process( clk_1s)
    begin
    if qingling = '0' then
        deng1 <= "0000";
        deng2 <= "0000";
        deng3 <= "0000";
        deng4 <= "0000";
        deng5 <= "0000";
        deng6 <= "0000";
    elsif rising_edge( clk_1s)  then
        if tiaojie = '1' then
            case deng1 is
                when "1001" => deng1 <= "0000";
                    case deng2 is
                        when "0101" => deng2 <= "0000";
                            case deng3 is
                                when "1001" => deng3 <= "0000";
                                    case deng4 is
                                        when "0101" => deng4 <= "0000";
                                            case deng5 is
                                                when "1001" => deng5 <= "0000";
                                                    case deng6 is
                                                        when "0101" => deng6 <= "0000";
                                                            deng5 <= "0000";
                                                            deng4 <= "0000";
                                                            deng3 <= "0000";
                                                            deng2 <= "0000";
                                                            deng1 <= "0000";
```

```
                                    when others => deng6 <= deng6 + 1;
                              end case;
                                  when others => deng5 <= deng5 + 1;
                            end case;
                                when others => deng4 <= deng4 + 1;
                          end case;
                              when others => deng3 <= deng3 + 1;
                        end case;
                            when others => deng2 <= deng2 + 1;
                      end case;
                          when others => deng1 <= deng1 + 1;
                  end case;
          elsif tiaojie = '0' then
              if tiaoshi1 = '0' then
                  deng6 <= deng6 + 1;
              end if;
                  if tiaoshi2 = '0' then
                      deng5 <= deng5 + 1;
                  end if;
                      if tiaofen1 = '0' then
                          deng4 <= deng4 + 1;
                      end if;
                          if tiaofen2 = '0' then
                              deng3 <= deng3 + 1;
                          end if;
                              if tiaomiao1 = '0' then
                                  deng2 <= deng2 + 1;
                              end if;
                                  if tiaomiao2 = '0' then
                                      deng1 <= deng1 + 1;
                                  end if;
              end if;
      end if;
      if deng6 = "0010" and deng5 = "0100" then
          deng5 <= "0000";
          deng6 <= "0000";
      end if;
      end process;
```

6. 引脚分配图

| | | Node Name | Direction | Location | I/O Bank |
|---|---|---|---|---|---|
| 1 | | clk | Input | PIN_12 | 1 |
| 2 | | dian | Output | PIN_100 | 2 |
| 3 | | duanxuan[1] | Output | PIN_99 | 2 |
| 4 | | duanxuan[2] | Output | PIN_98 | 2 |
| 5 | | duanxuan[3] | Output | PIN_97 | 2 |
| 6 | | duanxuan[4] | Output | PIN_96 | 2 |
| 7 | | duanxuan[5] | Output | PIN_95 | 2 |
| 8 | | duanxuan[6] | Output | PIN_92 | 2 |
| 9 | | duanxuan[7] | Output | PIN_91 | 2 |
| 10 | | qingling | Input | PIN_30 | 1 |
| 11 | | tiaofen1 | Input | PIN_57 | 2 |
| 12 | | tiaofen2 | Input | PIN_56 | 2 |
| 13 | | tiaojie | Input | PIN_39 | 1 |
| 14 | | tiaomiao1 | Input | PIN_55 | 2 |
| 15 | | tiaomiao2 | Input | PIN_54 | 2 |
| 16 | | tiaoshi1 | Input | PIN_61 | 2 |
| 17 | | tiaoshi2 | Input | PIN_58 | 2 |
| 18 | | weixuan[1] | Output | PIN_1 | 2 |
| 19 | | weixuan[2] | Output | PIN_2 | 1 |
| 20 | | weixuan[3] | Output | PIN_3 | 1 |
| 21 | | weixuan[4] | Output | PIN_4 | 1 |
| 22 | | weixuan[5] | Output | PIN_5 | 1 |
| 23 | | weixuan[6] | Output | PIN_6 | 1 |
| 24 | | <<new node>> | | | |

图 12.3　参考引脚分配图

7. 思考与提高

（1）让电子钟在整分钟时，蜂鸣器在 0～2s 内鸣叫 3 次。

（2）设计一个闹钟模块，在调闹钟的时候，数字钟内部照常计时，数码管上显示调闹钟的时间，调好闹钟后返回数字钟计时。

（3）设计一个控制开关，闹钟时间到后蜂鸣器响，直到开关关闭闹钟才停止。

# 项目十三　多人抢答器

## 1. 任务说明

多人抢答器是一个多人在规定时间内比较先后按键的程序。

（1）在未进入抢答时间时，按键视为无效。

（2）在进入抢答时，没有人按键显示器上不显示数字，当第一个人按下按键，有绿色指示灯闪烁且显示器上有相对应的数字，同时其他抢答按键将失去作用。

（3）在过了抢答时间后，抢答按键会失去作用，有红色指示灯长亮，需有开关关闭进行下一次抢答。

## 2. 任务要求

（1）抢答器同时供8位选手或8个代表队比赛，分别用8个按钮（S1～S8）表示。

（2）设置一个系统清除RES，抢答控制开关START，该开关由主持人控制。

（3）抢答器具有鉴别、锁存与显示功能。即选手按动按钮，锁存相应的编号，并在LED数码管上显示。选手抢答实行优先锁存，优先抢答选手的编号一直保持到主持人将系统清除为止。

（4）抢答器具有定时抢答功能，且一次抢答的时间由主持人设定（60s）。当主持人启动"开始"键后，定时器进行减计时。

（5）参赛选手在设定的时间内进行抢答，抢答有效，定时器停止工作，显示器上显示选手的编号和抢答的时间，同时扬声器发出短暂的声响，声响持续的时间5秒。选手的编号保持到主持人将系统清除为止。

（6）如果定时时间已到，无人抢答，则本次抢答无效，系统报警并禁止抢答，声响持续的时间5s，定时显示上显示00。

## 3. 任务分析

在进行智力竞赛时，常常需要一种反映准确。显示方便的抢答器装置：当某人最先按下按钮时，显示屏上就显示这个人的代码同时报警提示，表明此题已被人抢到。同时其他人按下按钮无效，即被锁定。

本实验中8人抢答器的设计框图如图13.1所示。

## 4. 硬件要求

含有芯片EPM240T100C5的开发板、下载线与电源线。8个按键开关作为抢答按钮，"开始"开关、清零开关为拨码开关。显示器可以是数码管，或点阵。呼叫声为蜂鸣器。

## 5. 参考程序

（1）顶层原理图如图13.2、图13.3所示（模块化设计）。

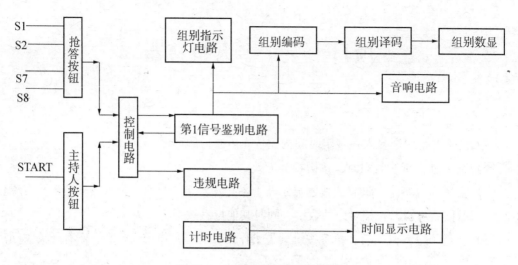

图 13.1　8 人抢答器的设计框图

模块说明：各模块的低层分别由 VHDL 语言编写。

鉴别、锁存控制模块：QDPBSC. VHD

抢答计时、答题计时、发音定时控制模块：JSQ. VHD

声光控制模块：SPEAKER. VHD

计分控制模块：JFQ. VHD

4 ×4 按键控制模块：KEY4_4. GDF

动态扫描显示模块：SCAN. VHD

7 段译码模块：DELED. VHD

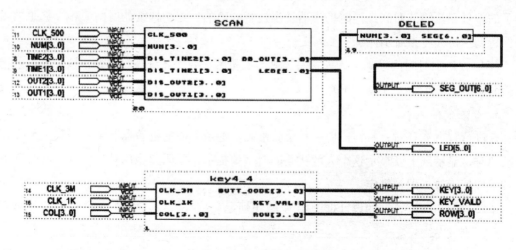

图 13.2　（mode1. gdf）

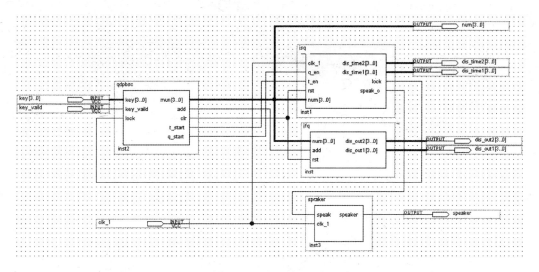

图 13.3　（mode2. gdf）

（2）参考（VHDL）源程序

● 鉴别、锁存控制模块的 VHDL 源程序（QDPBSC. VHD）

```
library ieee;
use ieee. std_logic_1164. all;
use ieee. std_logic_arith. all;
use ieee. std_logic_unsigned. all;

entity qdpbsc is
port(
        key : in std_logic_vector( 3 downto 0) ;
        key_vaild: in std_logic;
        lock : in std_logic;
        mun: out std_logic_vector( 3 downto 0) ;
        add, clr: out std_logic;
        t_start: out std_logic;
        q_start: out std_logic
        ) ;
end entity;

architecture behave of qdpbsc is
signal add_mid: std_logic;
signal start: std_logic_vector( 1 downto 0) ;
begin
process( key, key_vaild)
begin
if key_vaild'event and key_vaild = '0' then
case key is
```

```
        when "0000" =>
            if start = "01" and lock <= '0' then
                mun <= "0001";
                q_start <= '0';   - - - mun1
            end if;
        when "0001" =>
            if start = "01" and lock <= '0' then
                mun <= "0010";
                q_start <= '0';   - - - mun2
            end if;
        when "0010" =>
            if start = "01" and lock <= '0' then
                mun <= "0011";
                q_start <= '0';   - - - mun3
            end if;
        when "0011" =>
            if start = "01" and lock <= '0' then
                mun <= "0100";
                q_start <= '0';   - - - mun4
            end if;
        when "0100" =>
            if start = "01" and lock <= '0' then
                mun <= "0101";
                q_start <= '0';   - - - mun5
            end if;
        when "0101" =>
            if start = "01" and lock <= '0' then
                mun <= "0110";
                q_start <= '0';   - - - mun6
            end if;
        when "0110" =>
            if start = "01" and lock <= '0' then
                mun <= "0111";
                q_start <= '0';   - - - mun7
            end if;
        when "0111" =>
            if start = "01" and lock <= '0' then
                mun <= "1000";
                q_start <= '0';   - - - mun8
            end if;
        when "1000" => mun <= "0000";
        clr <= '0';
        t_start <= '0';
```

```
      q_start <= '0';
    when"1001" =>
    if( start  = "00" or start = "11")  and lock = '1' then
        start <= "01";
        q_start <= '1';
        add_mid <= '0';
        elsif( lock = '1' and start = "01")  then
        elsif( lock = '1' and start = "10")  then
        start <= "11";
    end if;
    when "1010" =>
      if ( start = "11")  then
        add_mid <= '1';
      end if;
    when others => null;
    end case;
    end if;
    end process;
    add <= add_mid;
    end;
```

● 抢答计时、发音定时控制模块 VHDL 程序（JSQ. VHD）

```
    library ieee;
    use ieee. std_logic_1164. all;
    use ieee. std_logic_unsigned. all;
    entity jsq is
        port( clk_1    : in std_logic;
            q_en     : in std_logic;
            t_en     : in std_logic;
            rst      : in std_logic;
            num      : in std_logic_vector( 3 downto 0) ;
            dis_time2     : out std_logic_vector( 3 downto 0) ;
            dis_time1     : out std_logic_vector( 3 downto 0) ;
            lock          : out std_logic;
            speak_o   : out std_logic
            ) ;
    end entity;
    architecture behave of jsq is
        signal qq : std_logic_vector( 3 downto 0) ;
        signal time2, time1: std_logic_vector( 3 downto 0) ;
        signal speak: std_logic;
    begin
    process( clk_1, rst, Q_en, t_en)
```

```
        begin
            if   rst = '1' then
                lock <= '0'; time2 <= "0110"; time1 <= "0000";
            elsif clk_1'event and clk_1 = '1' then
                if q_en = '1' or t_en = '1' then
                    if time2 = "0000" and time1 = "0000" then
                            speak <= '1';
                    else
                            if time1 = "0000" then
                                time1 <= "1001";
                                if time2 = "0000" then
                                    time2 <= "0110";
                                else
                                    time2 <= time2 - 1;
                                end if;
                            else
                                time1 <= time1 - 1;
                            end if;
                    end if;
                else
                    if num/ = "0000"then lock <= '1'; end if;
                    if qq = "1111" then speak <= '0'; end if;
                end if;
            end if;
        end process;


        process( clk_1, speak)
            begin
            if clk_1'event and clk_1 = '1'then
                if ( speak = '1') then
                    qq <= qq + 1;
                end if;
            end if;
        end process;
            speak_o <= speak;
            dis_time2 <= time2;
            dis_time1 <= time1;
        end architecture;
```

- 声光控制模块 VHDL 源程序（SPEAKER. VHD）

```
library ieee;
use ieee. std_logic_1164. all;
use ieee. std_logic_arith. all;
use ieee. std_logic_unsigned. all;
```

```
entity spraker is
port(
        speak, clk_1: in std_logic;
        speaker: out std_logic) ;
end;
architecture behave of spraker is
– – signal en: std_logic;
– – signal start: std_logic;
signal count: std_logic_vector( 2 downto 0) ;
begin
process( clk_1, speak)
begin
if speak = '1' then
count <= "110"; speaker <= '1';
elsif clk_1'event and clk_1 = '1' then
– – if start = '1' then
    if count = "000" then
        speaker <= '0';
    else
        count <= count – 1;
    end if;
– –    else
– –       count <= "000";
– –    end if;
end if;
end process;
– – speaker <= start;
end behave;
```

● 计分控制模块 VHDL 程序（JFQ. VHD）

```
library ieee;
use ieee. std_logic_1164. all;
use ieee. std_logic_unsigned. all;
use ieee. std_logic_arith. all;
entity jfq is
  port(
        num    : in std_logic_vector( 3 downto 0) ;
        add    : in std_logic;
        rst     : in std_logic;
        dis_out2   : out std_logic_vector( 3 downto 0) ;
        dis_out1   : out std_logic_vector( 3 downto 0)
        ) ;
  end entity;
```

```vhdl
architecture behave of jfq is
    signal dis2, dis1  : std_logic_vector( 3 downto 0) ;
    signal reg0_1, reg0_2 : std_logic_vector( 3 downto 0) ;
    signal reg1_1, reg1_2 : std_logic_vector( 3 downto 0) ;
    signal reg2_1, reg2_2 : std_logic_vector( 3 downto 0) ;
    signal reg3_1, reg3_2 : std_logic_vector( 3 downto 0) ;
    signal reg4_1, reg4_2 : std_logic_vector( 3 downto 0) ;
    signal reg5_1, reg5_2 : std_logic_vector( 3 downto 0) ;
    signal reg6_1, reg6_2 : std_logic_vector( 3 downto 0) ;
    signal reg7_1, reg7_2 : std_logic_vector( 3 downto 0) ;
begin
    process( num, add, rst)
    begin
if rst = '1'then
    reg0_2 <= "0001"; reg0_1 <= "0000";
    reg1_2 <= "0001"; reg1_1 <= "0000";
    reg2_2 <= "0001"; reg2_1 <= "0000";
    reg3_2 <= "0001"; reg3_1 <= "0000";
    reg4_2 <= "0001"; reg4_1 <= "0000";
    reg5_2 <= "0001"; reg5_1 <= "0000";
    reg6_2 <= "0001"; reg6_1 <= "0000";
    reg7_2 <= "0001"; reg7_1 <= "0000";
elsif add'event and add = '1'then
    case num is
        when"0000" =>
                    if reg0_1 = "1001"then
                        reg0_1 <= "0000";
                        if reg0_2 = "1001"then
                            reg0_2 <= "0000";
                        else
                            reg0_2 <= reg0_2 +1;
                        end if;
                    else
                        reg0_1 <= reg0_1 +1;
                    end if;
        when"0001" =>
                    if reg1_1 = "1001"then
                        reg1_1 <= "0000";
                        if reg1_2 = "1001"then
                            reg1_2 <= "0000";
                        else
                            reg1_2 <= reg1_2 +1;
                        end if;
```

```vhdl
                else
                    reg1_1 <= reg1_1 + 1;
                end if;
        when"0010" =>
                if reg2_1 = "1001"then
                  reg2_1 <= "0000";
                  if reg2_2 = "1001"then
                    reg2_2 <= "0000";
                  else
                    reg2_2 <= reg2_2 + 1;
                  end if;
                else
                    reg2_1 <= reg2_1 + 1;
                end if;
        when"0011" =>
                if reg3_1 = "1001"then
                  reg3_1 <= "0000";
                  if reg3_2 = "1001"then
                    reg3_2 <= "0000";
                  else
                    reg3_2 <= reg3_2 + 1;
                  end if;
                else
                    reg3_1 <= reg3_1 + 1;
                end if;
        when"0100" =>
                if reg4_1 = "1001"then
                  reg4_1 <= "0000";
                  if reg4_2 = "1001"then
                    reg4_2 <= "0000";
                  else
                    reg4_2 <= reg0_2 + 1;
                  end if;
                else
                    reg4_1 <= reg4_1 + 1;
                end if;
        when"0101" =>
                if reg5_1 = "1001"then
                  reg5_1 <= "0000";
                  if reg5_2 = "1001"then
                    reg5_2 <= "0000";
                  else
                    reg5_2 <= reg5_2 + 1;
```

```
                        end if;
                    else
                        reg5_1 <= reg5_1 + 1;
                    end if;
            when"0110" =>
                    if reg6_1 = "1001"then
                        reg6_1 <= "0000";
                        if reg6_2 = "1001"then
                            reg6_2 <= "0000";
                        else
                            reg6_2 <= reg6_2 + 1;
                        end if;
                    else
                        reg6_1 <= reg6_1 + 1;
                    end if;
            when"0111" =>
                    if reg7_1 = "1001"then
                        reg7_1 <= "0000";
                        if reg7_2 = "1001"then
                            reg7_2 <= "0000";
                        else
                            reg7_2 <= reg7_2 + 1;
                        end if;
                    else
                        reg7_1 <= reg7_1 + 1;
                    end if;
        when others => null;
        end case;
    end if;
    case num is
        when"0000" =>
                dis2 <= reg0_2; dis1 <= reg0_1;
        when"0001" =>
                dis2 <= reg1_2; dis1 <= reg1_1;
        when"0010" =>
                dis2 <= reg2_2; dis1 <= reg2_1;
        when"0011" =>
                dis2 <= reg3_2; dis1 <= reg3_1;
        when"0100" =>
                dis2 <= reg4_2; dis1 <= reg4_1;
        when"0101" =>
                dis2 <= reg5_2; dis1 <= reg5_1;
        when"0110" =>
```

　　　　　　　dis2 <= reg6_2; dis1 <= reg6_1;

　　　when"0111" =>

　　　　　　　dis2 <= reg7_2; dis1 <= reg7_1;

　　　when others => null;

　　　end case;

　　end process;

　　dis_out2 <= dis2;

　　dis_out1 <= dis1;

　　end behave;

- 4×4 按键控制模块 VHDL 源程序（KEY4_4. GDF）（略）
- 动态扫描显示模块 VHDL 程序（SCAN. VHD）（略）
- 7 段译码显示模块的 VHDL 程序（DELED. VHD）（略）

6. 硬件连线

（1）输入接口：①代表 8 位选手信号，复位，开始、计分的管脚分别连线接到 4×4 行列按键。②代表计数时钟信号 CLK1、扫描时钟信号 CLK500Hz、消抖时钟信号 CLK3M 的管脚分别同 1Hz 时钟源、500Hz 和 3MHz 时钟相连。

（2）输出接口：代表扫描显示的驱动信号片选地址管脚为 SEL5、SEI4、SEL3、SEL2、SEL1、SEL0，字形码为 LED（g）、LED（f）、LED（e）、LED（d）、LED（c）、LED（b）、LED（a）、DP。

（3）引脚分配图（略）。

7. 思考与提高

怎样将本实验做的 8 人抢答器改为 10 人抢答器？

# 相关知识

## 一、键盘扫描电路的设计

数字系统中，常用的按键有直接式和矩阵式两种。直接式按键十分简单，一端接 VCC，另一端接 CPLD/FPGA 或单片机的 I/O 口（设为输入）。当按键按下时，此接口为高电平，通过对 I/O 口电平的检测就可知按键是否按下。其优点是简单、易行，连接方便，但每个按键要占用一个 I/O 口，如果系统中需要很多按键，那么用这种方法会占用大量的 I/O 口。而矩阵式键盘控制比直接按键要麻烦得多，但其优点也是很明显的，即节省 I/O 口。

设矩阵式键盘有 $m$ 行 $n$ 列，则键盘上有（$mn$）个按键，而它只需要占用（$m+n$）个 I/O 口。当需要很多按键时，用矩阵式键盘显然比直接式按键要合理得多。

- 4 行 4 列的矩阵键盘

这个接法总共就 4 行 4 列共 8 条线（4 条行线接 PC7～PC4，4 条列线接 PC3～PC0）。经过认真观察，发现每个按键都连着一条行线和一条列线，可以选按键 0 作为研究对象。按键 0 的行线连着 PC4，而且通过一个下拉电阻接地（下拉就是将不确定的信号通过一个电阻钳位在低电平，上拉反之）；其列线接着 PC3。将 PC3 ～ PC0 设为输出，PC7 ～ PC4 设为输入。试想，如果 PC2 ～ PC0 输出 0，而 PC3 输出 1，当按键 0 按下时，PC7 ～ PC4 会读到什么值呢？很显然，因为 PC7 ～ PC5 没有输入，会由于下拉电阻的下拉作用稳定在低电平，而 PC4 则由于与 PC3 接通而呈现高电平。也就是说，当一个按键的行线为 1 时，如果此按键按下，则列线读到的值为 1，否则为 0。换句话说，当 PC3 ～ PC0 为 1000 时，当按键 0 按下时，PC7 ～ PC4 读到电平值为 0001。如果是按键 1 按下呢？那么 PC7 ～ PC4 读到的电平值就是 0010。以此类推，可以列出一张行列电平值与按键的对应关系表（见表 13.1）。

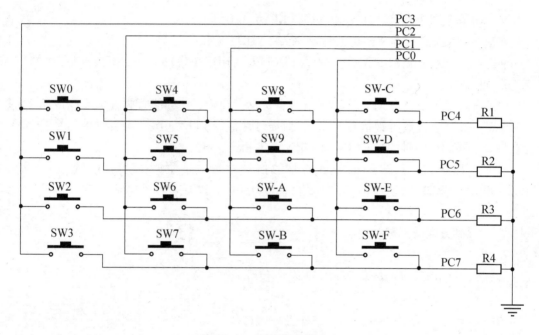

图 13.41　矩阵键盘接法 A

表 13.1　行列电平值与按键的对应关系

| 列/（输出）<br>PC3 ～ PC0 | 行/（输入）<br>PC7 ～ PC4 | 按键 | 列/（输出）<br>PC3 ～ PC0 | 行/（输入）<br>PC7 ～ PC4 | 按键 |
|---|---|---|---|---|---|
| 1000 | 0001 | 0 | 1000 | 0010 | 1 |
| 1000 | 0100 | 2 | 1000 | 1000 | 3 |
| 0100 | 0001 | 4 | 0100 | 0010 | 5 |
| 0100 | 0100 | 6 | 0100 | 1000 | 7 |
| 0010 | 0001 | 8 | 0010 | 0010 | 9 |
| 0010 | 0100 | A | 0010 | 1000 | B |
| 0001 | 0001 | C | 0001 | 0010 | D |
| 0001 | 0100 | E | 0001 | 1000 | F |

从表中看出，PC3～PC0 的输出在任意时刻总是只有一条线为 1，其他线均为 0。这很容易理解，若 PC3～PC0 的输出在同一时刻有多于一条线为 1，则无法准确判断究竟是哪个键被按下。例如 PC3 和 PC2 同时为 1，当按键 0 或者按键 4 被按下，PC7～PC4 读到的值都是 0001，这样根本无法判断究竟是按键 0，还是按键 4 被按下。

因为无法预计什么时候有键按下，也无法预测究竟是哪一列上的键被按下，所以只能对键盘的列线（PC3～PC0）进行扫描，同时读取键盘行线（PC7～PC4）的电平值。如表 13.2 所示，PC3～PC0 按表中的 4 种组合依次输出，不断循环。

表 13.2　列线扫描输出组合

| PC3 | 1 | 0 | 0 | 0 |
|---|---|---|---|---|
| PC2 | 0 | 1 | 0 | 0 |
| PC1 | 0 | 0 | 1 | 0 |
| PC0 | 0 | 0 | 0 | 1 |

【例程 13.1】 4×4 矩阵键盘的扫描程序

```
library ieee;
use ieee. std_logic_1164. all;
use ieee. std_logic_arith. all;
use ieee. std_logic_unsigned. all;

entity keyboard is
port(
clk:        in std_logic;                              －－扫描时钟频率不宜过高,一般在 1kHz 以下
kin: in std_logic_vector(0 to 3);                      －－读入行码
scansignal:    out std_logic_vector(0 to 3);           －－输出列码(扫描信号)
num: out integer range 0 to 15
);
end keyboard;
architecture scan of keyboard is
signal clock: std_logic;
signal scans: std_logic_vector(0 to 7);
signal scn: std_logic_vector(0 to 3);
signal counter: integer range 0 to 3;                  －－用以计数产生扫描信号
signal counterb: integer range 0 to 3;                 －－用以计算
begin
process(clk)                                           －－产生的扫描频率
variable cnt1: integer range 0 to 125;
variable cnt2: integer range 0 to 1000;
begin
if rising_edge(clk) then
    if cnt1 = 125 then
        cnt1: = 0;
```

```
            if cnt2 = 1000 then
                cnt2: = 0;
                clock <= not clock;
            else
                cnt2: = cnt2 + 1;
            end if;
        else
            cnt1: = cnt1 + 1;
        end if;
    end if;
end process;
process( clock)

begin
if rising_edge( clock) then

        if counter = 3 then
            saomiao <= 0;
        else
            counter <= counter + 1;
        end if;
    case counter is
      when 0 => scan <= "1000";
      when 1 => scan <= "0100";
      when 2 => scan <= "0010";
      when 3 => scan <= "0001";
      when others => null;
    end case;
end if;
end process;

process( clock)
begin
    if falling_edge( clock) then
        if kin = "0000" then
            if counterb = 3 then
                num <= 15;
                counerb <= 0;
            else
                counterb <= counterb + 1;
            end if;
        else
            counterb <= 0;
```

```
case scan is
    when "10000001" => num <= 0;
    when "10000010" => num <= 1;
    when "10000100" => num <= 2;
    when "10001000" => num <= 3;
    when "01000001" => num <= 4;
    when "01000010" => num <= 5;
    when "01000100" => num <= 6;
    when "01001000" => num <= 7;
    when "00100001" => num <= 8;
    when "00100010" => num <= 9;
    when "00100100" => num <= 10;
    when "00101000" => num <= 11;
    when "00010001" => num <= 12;
    when "00010010" => num <= 13;
    when "00010100" => num <= 14;
    when others => num <= NUM;
    end case;
END IF;
end if;
end process;


scans <= scn&kin;
scansignal <= scn;
end ;
```

## 二、键盘消抖电路

键盘的按键闭合与释放瞬间，输入的信号会有毛刺。如果不进行消抖处理，系统会将这些毛刺误以为是用户的另一次输入，导致系统的误操作。防抖电路有很多种，最简单、最容易理解的就是计数法。其原理是对键值进行计数，当某一键值保持一段时间不改变时（计数器达到一定值后），才确认它为有效键值；否则将其判为无效键值，重新对键值进行计数。

例程【13.2】是基于计数法的防抖电路（此为 4×4 矩阵键盘的防抖电路，单个按键的防抖电路原理和此电路是基本相同的，请参考此电路自行设计）。

【例程13.2】

```
library ieee;
use ieee. std_logic_1164. all;
use ieee. std_logic_arith. all;
use ieee. std_logic_unsigned. all;


entity signallatch is
```

```
port
  ( clock: in std_logic;
   numin: in integer range 0 to 15;
   numout: out integer range 0 to 15
   );
end;


architecture behavior of signllatch is
signal tempnum: integer range 0 to 15;
signal counter: ineger range 0 to 31;
signal start: std_logic;
begin
process( clock)
  begin
    if rising_edge( clock)  then
        if start = '0' then              --上电后立即对输出的键值赋予无效值
            tempnum <= 15;               --此处沿用上个键盘例程的做法,将 15 作为无效值
            numout <= 15;                --此无效值务必随实际情况改变
            start <= '1';
        else
            if numin/ = tempnum then     --上一键值与此键值不同
              tempnum <= numin;          --记录此键值
              counter <= 0;              --并对计数器清零,准备对此键值计时
            else
                if counter = 31  then    --当键值保持 31 个时钟周期不变时
                  numout <= numin;       --即确认为有效键值,并输出
                  counter <= 0;
                else
                  counter <= counter + 1;
                end if;
            end if;
        end if;
    end if;
  end process;
end;
```

# 项目十四　病房呼叫系统

1. 设计要求

病房呼叫系统是用 8 个开关模拟 8 个病房，在每个病房中安装有一个呼叫按钮，当有病人按下按钮，护士值班室可以通过数码管显示其相应的病房号，进行针对性护理。

（1）用 1～8 个按键开关作为 8 个病房的呼叫信号，1 号优先级最高，1～8 号的优先级依次降低。

（2）用数码管或点阵显示呼叫信号的号码，在没有信号的时候显示为 0。

（3）在有多个信号时，显示优先级最高的呼叫号，其他信号有指示灯提醒。

（4）凡有呼叫时发出 5s 5 次的呼叫声。

（5）对低优先级的呼叫进行存储，处理完高优先级的呼叫后，关闭高优先级的呼叫显示后，数码管显示比其他低优先级中的高优先级的呼叫号，依次解决完成后数码管显示 0。

2. 任务分析

（1）8 个呼叫开关具有优先级，可参照课本"8－3 优先编码器"的设计，需要优先级判断模块。

（2）单信号呼叫与多信号呼叫的反应，需要呼叫输入信号的真假个数的判断模块。

（3）呼叫信号显示用单个数码管显示数字以及单个 LED 灯亮灭来反映，需要数码管扫描显示模块和指示灯控制模块。

（4）首个呼叫会有 5s 的呼叫声，需要一个蜂鸣器控制模块。

（5）需要一个分频模块来为蜂鸣器的工作提供保障。

3. 设计原理

其系统分析框图如图 14.1 所示。

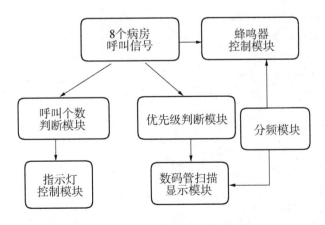

图 14.1　病房呼叫系统分析框图

4. 硬件要求

含有芯片 EPM240T100C5 的开发板、下载线与电源线。8 个按键开关作为呼叫按钮，解决开关、清零开关为拨码开关。显示器可以是数码管，或点阵。呼叫声为蜂鸣器。

5. 参考源程序

```vhdl
Entity   aa     is
port(
    clk: in std_logic;
    fen, r: out std_logic; − −蜂鸣器   − − −信号指示灯
    k1, k2, k3, k4, k5, k6, k7, k8: in std_logic; − − −病房
    q1: out std_logic_vector( 3 downto 0); − − −彩灯位选端
    y1: out std_logic_vector( 5 downto 0); − − −数码管位
    y2: out std_logic_vector( 7 downto 0) − − − −数码管字形
);
End;



architecture behieve of aa is
signal clk_1: std_logic; − −1Hz − 1s
signal clk_2: std_logic; − −fen − 2ms
signal u: std_logic_vector( 7 downto 0);
signal a: integer range 0 to 8;
signal i: integer range 0 to 1000;
begin
y1 <= "111110";  − − −位选端的选取
    q1 <= "1110";
u <= k1&k2&k3&k4&k5&k6&k7&k8; − − − − −输入信号的判断端口
process( clk) − − −1s
variable cnt1: integer range 0 to 10000;
variable cnt2: integer range 0 to 2500;
begin
    if clk'event and clk = '1' then
            if cnt1 = 10000 then
                cnt1: = 0;
                if cnt2 = 2500 then
                        cnt2: = 0;
                        clk_1 <= not clk_1;
                else
                        cnt2: = cnt2 + 1;
                end if;
            else
                cnt1: = cnt1 + 1;
            end if;
    end if;
end process;
```

```
process( clk)              - - -分频2ms
variable cnt1: integer range 0 to 100;
variable cnt2: integer range 0 to 500;
begin
    if clk'event and clk = '1'then
            if cnt1 = 100 then
                cnt1: = 0;
                if cnt2 = 500 then
                        cnt2: = 0;
                        clk_2 <= not clk_2;
                else
                        cnt2: = cnt2 + 1;
                end if;
            else
                cnt1: = cnt1 + 1;
            end if;
    end if;
end process;


process( k1, k2, k3, k4, k5, k6, k7, k8, u)
begin
if k1 = '1' then
    a <= 8;
else
    if k2 = '1' then
        a <= 7;
    else
        if k3 = '1' then
            a <= 6;
        else
            if k4 = '1' then
                a <= 5;
            else
                if k5 = '1' then
                    a <= 4;
                else
                    if k6 = '1' then
                        a <= 3;
                    else
                        if k7 = '1' then
                            a <= 2;
                        else
                            if k8 = '1' then
```

```
                            a <= 1;
                   else
                            a <= 0;
                   end if;
               end if;
           end if;
        end if;
      end if;
    end if;
end if;
case u is
    when "00000001" => r <= '0';
    when "00000010" => r <= '0';
    when "00000100" => r <= '0';
    when "00001000" => r <= '0';
    when "00010000" => r <= '0';
    when "00100000" => r <= '0';
    when "01000000" => r <= '0';
    when "10000000" => r <= '0';
    when "00000000" => r <= '0';
    when others => r <= '1';
end case;
end process;

process( a)
begin
case a is
    when 0 => y2 <= "11111100";
    when 1 => y2 <= "01100000";
    when 2 => y2 <= "11011010";
    when 3 => y2 <= "11110010";
    when 4 => y2 <= "01100110";
    when 5 => y2 <= "10110110";
    when 6 => y2 <= "00111110";
    when 7 => y2 <= "11100000";
    when 8 => y2 <= "11111110";
    when others => null;
end case;
if rising_edge( clk_1) then
    if a = 0 then
        i <= 0;
    else
```

```
            i <= i + 1;
        end if;
    end if;

    if i > 1 and i <= 3 then－－－时间可改
        fen <= clk_2;
    else
    fen <= '0';
    end if;
    end process;
    end;
```

# 项目十五 乒乓球游戏机

1. 设计要求

设计一个两人乒乓球游戏机，以 8×8 矩形点阵为球台，第四、五个发光二极管为球网，用点亮的发光二极管按一定的方向移动来表示球的运动。在游戏机的两侧各设置两个开关，一个发球开关 Sa、Sb；另一个是击球开关 Ha、Hb。当甲方按动发球开关 Sa 时，甲方的第一个灯亮，灯由甲到乙依次点亮，代表乒乓球的移动。当球过网后按设计者规定的球的球位，乙方就可以击球。若乙方提前击球或没接到球，则乙方负，甲方的记分牌自动加分。然后重新发球，以此类推。一直到一方的记分牌到 21 分，该局结束；双方发球各在不同的位置，球的移动速度在 0.1～0.5s/位。

2. 任务分析

（1）设置一个开关控制比赛的开始；在游戏机两侧各设一个发球/击球开关，当甲方发球时，靠近甲方的第一个灯亮，然后依次点亮第二个……球向乙方移动，球过网后到达乙方的第一个灯的位置乙方即可击球，若乙方提前击球或未击到球，则甲方得分。然后重新发球进行比赛，直到某一方记分达到规定分，比赛结束。

（2）中间两个的灯为球网，发球权会轮流交换，发球前靠近发球方的第一个灯亮，并等待。

（3）用两个数码管显示双方的得分，当有一方的得分为 6 时，一局结束，记分牌清零，游戏重新开始。

3. 设计原理

系统框图如图 15.1 所示。

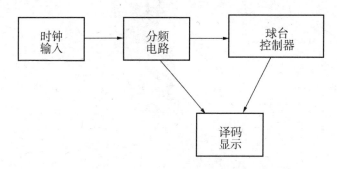

图 15.1 系统框图

其球台控制器将是设计的核心部分，其设计思路如图 15.2 所示。

在这个模块中，采用了状态机，共设七个状态，分别为 waitfor、begin1、begin2、to1、to2、allow1、allow2，这七个状态所代表的含义及相关状态转移时的设计思路如下：

● waitfor 状态：等待开始状态，当一局比赛结束时便处于这个状态，此状态下根据发球权信号（当发球计数器计数到 3，则交换发球）决定转移到 begin1 或 begin2 状态，并且

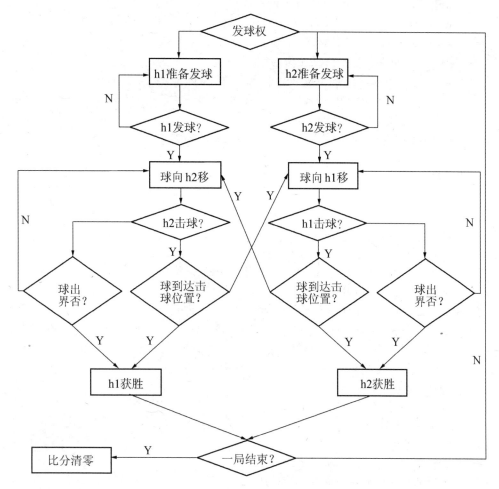

图 15.2  球台控制器设计框图

点亮靠近发球方的发光二极管。

• begin1/begin2：准备发球状态，等待具有发球权一方按下发球/击球键，发球后若对方立即击球，则一球结束，进行加分，并转移到 waitfor 状态；否则，转移到 to2/to1 状态。

• to2/to1：球从一方向另一方移动，发光二极管以 0.5s 的速度依次点亮，此状态下若对方击球，则一球结束，进行加分，发球计数器加 1，并转移到 waitfor 状态；否则当靠近接球方的第 2 个灯点亮时转移到 allow1 或 allow2 状态。

• allow1/allow2：等待接球方击球，若接球方按下击球键，转移到球向相反方向移动的状态 to2/to1。否则，一球结束，进行加分，发球计数器加 1；并转移到 waitfor 状态。

4. 硬件要求

在硬件方面，主要是含有芯片 EPM240T100C5 的开发板、下载线与电源线。乒乓球游戏机主要用到了 4 个拨码开关、点阵和 4 个数码管用来作为记分牌。

6. 参考源程序

```
Entity aa is
```

```
    port(
        cp: in std_logic;    - -2Hz 时钟信号
        sw: in std_logic;    - -计时结束信号
        sA, sB: in std_logic; - -双方击球,
        wei:   out std_logic_vector(0 to 5);    - - -数码管位选
        zi: out std_logic_vector(0 to 7);    - - -数码管字形
        n1: out std_logic_vector(7 downto 0);
        light: out std_logic_vector(7 downto 0)  - -发光二极管的显示
        );
End;


Architecture
    signal clkp, clk_5ms: std_logic;
    signal score1, score2: integer range 0 to 6; - -双方的得分
    signal lit: integer range 0 to 8; - -7 个二极管的控制信号
    signal y: integer range 0 to 8;
    signal m: integer range 0 to 2; - -发球计数器
    signal saomiao: integer range 0 to 1; - -位选变换
    signal send: std_logic; - -发球权信号
    type ss is ( waitfor, begin1, to2, begin2, to1, allow1, allow2); - -设置 7 个状态
    signal state: ss;
begin
    n1 <= "11111110";
    process( cp) - -2Hz -0. 5s/球速
    variable cnt1: integer range 0 to 5000;
    variable cnt2: integer range 0 to 2500;
    begin
    if cp'event and cp = '1' then
    if cnt1 =5000 then
        cnt1: = 0;
        if cnt2 = 2500 then
            cnt2: = 0;
            clkp <= not clkp;
        else
            cnt2: = cnt2 + 1;
        end if;
    else
        cnt1: = cnt1 + 1;
    end if;
    end if;
end process;


process( cp) - - - - - -5ms -数码管扫描
```

```
variable cnt1: integer range 0 to 125;
variable cnt2: integer range 0 to 1000;
begin
if rising_edge( cp)  then
    if cnt1 = 125 then
        cnt1: = 0;
        if cnt2 = 1000 then
            cnt2: = 0;
            clk_5ms <= not clk_5ms;
        else
            cnt2: = cnt2 + 1;
        end if;
    else
        cnt1: = cnt1 + 1;
    end if;
end if;
end process;


process( clkp, sA, sB)
begin
if clkp'event and clkp = '1' then
if sw = '1' then    - -倒计时结束,游戏开始
    if m = 3 then
        m <= 0;
        send <= not send;     - -发3个球后,交换发球
    end if;
    if ( score1 = 6 or score2 = 6)  then    - -比分达到6分时,一局结束
        lit <= 0;    - -灯全灭
        m <= 0;     - -发球计数器清零
        send <= '0';    - -sA 先发球
        score1 <= 0; score2 <= 0;    - -双方比分清零
        state <= waitfor;    - -进入等待状态,开始新的一局
    else

    case state is
        when waitfor =>    - -等待状态
            case send is
                when '0' => lit <= 1; state <= begin1; - -若sA 发球,则L1 亮
                when '1' => lit <= 8; state <= begin2;  - -若sB 发球,则L8 亮
                when others => lit <= 0;   - -灯全灭
            end case;
        when begin1  =>
            if sA = '1' then   - -甲发球
```

```
                    lit <= 2;  - - L2 亮
                if sB = '1' then
                        lit <= 0;
                        score1 <= score1 + 1;
                        state <= waitfor;  - - 乙接球判负
                else
                        state <= to2;
                end if;
            else state <= waitfor;
            end if;


    when begin2  =>
        if sB = '1' then    - - 乙发球
          lit <= 7;  - - L7 亮
            if sA  = '1' then
                    lit <= 0;
                    score2 <= score2 + 1;
                    state <= waitfor;  - - 甲接球判负
            else
                    state <= to1;
            end if;
        else state <= waitfor;
        end if;


    when to1  =>    - - 乙发球、接球后的状态
        if sA = '1' then
            if lit = 8 or lit = 7 or lit = 6 or lit = 5 or lit = 4 or lit = 3 then
                    lit <= 0;
                    score2 <= score2 + 1;
                    m <= m + 1;
                    state <= waitfor;  - - 甲接球判负
             end if;
        elsif lit = 2 then
                lit <= 1;
                state <= allow1;    - - 进入甲接球状态
          else lit <= lit - 1;        - - 控制灯的走向
          end if;
    when to2 =>     - - 甲发球、接球后的状态
        if sB = '1' then
            if lit = 1 or lit = 2 or lit = 3 or lit = 4 or lit = 5 or lit = 6 then
                    lit <= 0;
                    score1 <= score1 + 1;
                    m <= m + 1;
```

```
                        state <= waitfor;   − −乙接球判负
                    end if;
            elsif lit = 7 then
                    lit <= 8;
                    state <= allow2;   − −进入乙接球状态
            else
                    lit <= lit + 1;     − −控制灯的走向
            end if;
        when allow1 =>   − −甲接球状态
            if sA = ′1′ then
                    state <= to2;   · − −甲接球进入向乙移动的状态
            else
                score2 <= score2 + 1;
                m <= m + 1;
                lit <= 0;
                state <= waitfor;   − −甲未接球乙加分
            end if;
        when allow2 =>       − −乙接球状态
            if sB = ′1′ then
                    state <= to1;     − −乙接球进入向甲移动的状态
            else
                score1 <= score1 + 1;
                m <= m + 1;
                lit <= 0;
                state <= waitfor;     − −甲未接球乙加分
                end if;


        end case;
    end if;
    else      − −倒计时没有结束,比分清零,游戏终止
        lit <= 0;
        score1 <= 0;
        score2 <= 0;
        m <= 0;
        send <= ′0′;
    end if;
end if;
end process;

process( clk_5ms)
begin
    if rising_edge( clk_5ms) then
        if saomiao = 1 then
```

```
                    saomiao <= 0;
              else
                    saomiao <= saomiao + 1;
              end if;
         end if;

         case saomiao is
           when 0 => wei <= "111110"; y <= score1;
           when 1 => wei <= "011111"; y <= score2;
           when others => null;
         end case;
       case y is  - - - - 字形译码
         when 0 => zi <= "11111100";
         when 1 => zi <= "01100000";
         when 2 => zi <= "11011010";
         when 3 => zi <= "11110010";
         when 4 => zi <= "01100110";
         when 5 => zi <= "10110110";
         when 6 => zi <= "00111110";
         when 7 => zi <= "11100000";
         when 8 => zi <= "11111110";
         when others => null;
       end case;

       end process;
       with lit select    - - 控制亮灯的顺序
         light <= "00000000" when 0,
                  "00000001" when 1,
                  "00000010" when 2,
                  "00000100" when 3,
                  "00001000" when 4,
                  "00010000" when 5,
                  "00100000" when 6,
                  "01000000" when 7,
                  "10000000" when 8,
                  "00000000" when others;

       end;
```

7. 思考与提高

在原有要求上扩充以下功能：

（1）五局三胜制，能记录和显示双方赢得的局数；

（2）发球权，双方按乒乓球比赛规则获得发球权，则没有发球权的一方，发球开关无效。

（3）其他，读者可自行扩展其他功能。

# 项目十六   出租车计费器

1. 设计要求

该出租车计费器要求按行驶里程计费，起步价为 5.00/2km 元。超过 2km 时按 2.40 元/km 计费，当计费器达到或超过 20.00 元时，按 3.60 元/km 计费，停候时间不计费。路费和里程用数码管显示出来，各有两位小数。

2. 任务分析

出租车计费器总体框图如图 16.1 所示。由 5 个模块组成：JIFEII（计费电路），RE-ANS（转换电路），SR（扫描电路），XIANSHI（显示电路）和 DI（字形显示电路）。计费电路完成计费功能；转换电路把车费和路程转换为 4 位十进制数；显示电路实际上是八选一数据选择器，和扫描电路共同控制输出；字形显示电路输出 0～9 个字形。

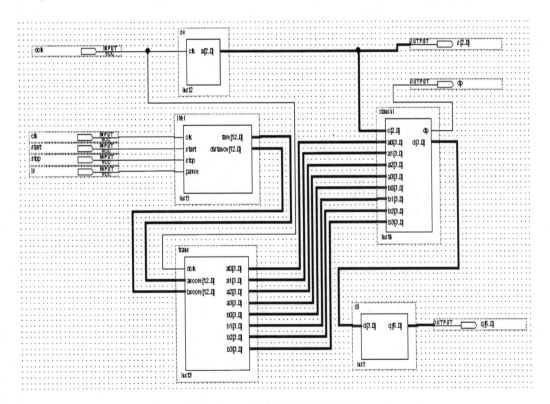

图 16.1   出租车计费器总体框图

3. 设计原理及参考源程序

(1) 计费模块（JIFEI）

计费模块如图 16.2 所示。输入端口 start，stop，pause 分别代表出租车起动，停止和暂停。输出端口 fare，distance 化表车费和路程。

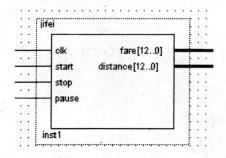

图 16.2　计费模块（JIFEI）

```
library ieee;
use ieee. std_logic_1164. all;
use ieee. std_logic_arith. all;
use ieee. std_logic_unsigned. all;

entity jifei is
port(
        clk, start, stop, pause: in std_logic;
        fare, distance: out integer range 0 to 8000          - -计费到80元
    ) ;
end jifei;

architecture aa of jifei is
begin

process( clk, start, pause, stop)
variable a, b: std_logic;                                   - -A 表示在 2km 的范围之外
variable luc: integer range 0 to 100;                       - -luc 为路程的累加器
variable chefei, lc: integer range 0 to 8000;               - -车费和路程
variable num: integer range 0 to 9;
begin
if( clk'event and clk = '1') then
    if ( stop = '0') then                                   - -在出租车开动前清零
        chefei: = 0;
        num: = 0;
        b: = '1';
        luc: = 0;
        lc: = 0;
    elsif ( start = '0') then
        b: = '0';
        chefei: = 500;                                      - -起步价设定在 5. 00 元
        lc: = 0;
    elsif( start = '1' and pause = '1') then
```

```
        if ( b = '0')  then
            num: = num + 1;
        end if;
        if ( num = 9)  then
        lc: = lc + 10;
        num: = 0;
        luc: = luc + 10;
        end if;
        if( luc >= 100)  then                 − −每公里的进位计数
            a: = '1';
            luc: = 0;
        else
            a: = '0';
        end if;
        if( lc < 200)  then
            null;
        elsif( chefei < 2000 and a = '1')  then  − −没有超过 20.00 元的算数
            chefei: = chefei + 240;
        elsif( chefei >= 2000 and a = '1')  then  − −超过 20.00 元的算数
            chefei: = chefei + 360;
        end if;
        end if;
    end if;
end if;
fare <= chefei;
distance <= lc;
end process;
end aa;
```

（2）转换模块（trans）

转换模块如图 16.3 所示。Dclk（出租车的每个路程控测频率）的频率要比 clk（EPM240 板的晶振频率）慢得多。输入端口 ascore，bscore 表示车费的路程，输出端口 a0 ～ a3（b0 ～ b3）分别表示车费（路费）的个，十，百，千。

```
library ieee;
use ieee. std_logic_1164. all;
use ieee. std_logic_arith. all;
use ieee. std_logic_unsigned. all;

entity trans is
port(
```

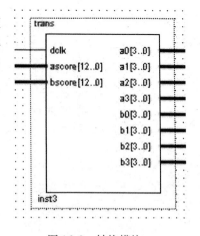

图 16.3　转换模块

```
        dclk: in std_logic;
        ascore, bscore: in integer range 0 to 8000;
        a0, a1, a2, a3, b0, b1, b2, b3: out std_logic_vector(3 downto 0)
    );
end trans;


architecture mix of trans is
signal com1: integer range 0 to 8000;
begin
process( dclk, ascore)
variable com1a, com1b, com1c, com1d: std_logic_vector(3 downto 0);
begin
    if ( dclk'event and dclk = '1') then
        if ( com1 < ascore) then
        if ( com1a = 9 and com1b = 9 and com1c = 9) then          --在这里,编程者使用
            com1a: = "0000";                                       --了逐步逼近法的原理
            com1b: = "0000";                                       --使得 ascore 所计的数
            com1c: = "0000";                                       --转换成二进制在数码
            com1d: = com1d + 1;                                    --管上表示出来
            com1 <= com1 + 1;
        elsif ( com1a = 9 and com1b = 9) then                      --下面的一个进程也是
            com1a: = "0000";
            com1b: = "0000";                                       --同样的原理
            com1c: = com1c + 1;
            com1 <= com1 + 1;
        elsif ( com1a = 9) then
            com1a: = "0000";
            com1b: = com1b + 1;
            com1 <= com1 + 1;
        else
            com1a: = com1a + 1;
            com1 <= com1 + 1;
        end if ;
    else
        a0 <= com1a;
        a1 <= com1b;

        a2 <= com1c;
        a3 <= com1d;
        com1 <= 0;
        com1a: = "0000";
        com1b: = "0000";
        com1c: = "0000";
```

```
                    com1d: = "0000";
                end if;
            end if;
        end process;


        process( dclk, bscore)
        variable com2: integer range 0 to 8000;
        variable com2a, com2b, com2c, com2d: std_logic_vector( 3 downto 0) ;
        begin
            if ( dclk'event and dclk = '1') then
                if ( com2 < bscore) then
                    if ( com2a = 9 and com2b = 9 and com2d = 9) then
                        com2a: = "0000";
                        com2b: = "0000";
                        com2c: = "0000";
                        com2d: = com2d + 1;
                        com2: = com2 + 1;
                    elsif ( com2a = 9 and com2b = 9) then
                        com2a: = "0000";
                        com2b: = "0000";
                        com2c: = com2c + 1;
                        com2: = com2 + 1;
                    elsif ( com2a = 9) then
                        com2a: = "0000";
                        com2b: = com2b + 1;
                        com2: = com2 + 1;
                    else
                        com2a: = com2a + 1;
                        com2: = com2 + 1;
                    end if;
                else
                    b0 <= com2a;
                    b1 <= com2b;
                    b2 <= com2c;
                    b3 <= com2d;
                    com2: = 0;
                    com2a: = "0000";
                    com2b: = "0000";
                    com2c: = "0000";
                    com2d: = "0000";
                end if;
            end if;
        end process;
```

end mix;

(3) 显示模块 (XIANSHI)

显示模块如图 16.4 所示。

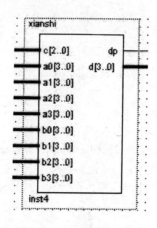

图 16.4　显示模块

```
library ieee;
use ieee. std_logic_1164. all;
use ieee. std_logic_arith. all;
use ieee. std_logic_unsigned. all;

entity xianshi is
port(
        c: in std_logic_vector( 2 downto 0);
        a0, a1, a2, a3, b0, b1, b2, b3: in std_logic_vector( 3 downto 0);
        dp: out std_logic;
        d: out std_logic_vector( 3 downto 0)
    );
end xianshi;

architecture mix of xianshi is
begin
process( c, a0, a1, a2, a3, b0, b1, b2, b3)
variable com: std_logic_vector( 2 downto 0);
begin
com: = c;
case com is
    when "000" => d <= a0; dp <= '0';    - -dp 是小数点所显示的段选
    when "001" => d <= a1; dp <= '0';
    when "010" => d <= a2; dp <= '1';    - -这是编程者的一个独特的构思
    when "011" => d <= a3; dp <= '0';    - -原理是在打开相应的位选时,
```

```
        when "100" => d <= b0; dp <= '0';    --同时显示出小数点来
        when "101" => d <= b1; dp <= '0';
        when "110" => d <= b2; dp <= '1';
        when "111" => d <= b3; dp <= '0';
        when others => null;
    end case;
    end process;
    end mix;
```

（4）选择模块（SE）

选择模块如图16.5所示。

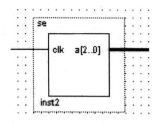

图16.5 选择模块

```
library ieee;
use ieee. std_logic_1164. all;
use ieee. std_logic_arith. all;
use ieee. std_logic_unsigned. all;

entity se is
port(
    clk: in std_logic;
    a: out std_logic_vector(2 downto 0)
    );
end se;

architecture mix of se is
begin
process( clk)
variable b: std_logic_vector( 2 downto 0) ;
begin
if ( clk'event and clk = '1')  then
    if ( b = "111")  then
        b: = "000";
    else
        b: = b + 1;
    end if;
```

```
        end if;
        a <= b;
        end process;
        end mix;
```

（5）字形显示模块（DI）

字形显示模块如图 16.6 所示。

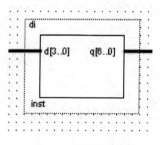

图 16.6　字形显示模块

```
library ieee;
use ieee. std_logic_1164. all;
use ieee. std_logic_arith. all;
use ieee. std_logic_unsigned. all;

entity di is
port(
        d: in std_logic_vector( 3 downto 0) ;
        q: out std_logic_vector( 6 downto 0)
    ) ;
end di;

architecture mix of di is
begin
process( d)
begin
    case d is                               - -把转换过来的二进制代码译成所想
    when "0000" => q <= "1111111";          - -数码管显示字形相应的二进制段选代码
    when "0001" => q <= "0110000";
    when "0010" => q <= "1101101";
    when "0011" => q <= "1111001";
    when "0100" => q <= "0110011";
    when "0101" => q <= "1011011";
    when "0110" => q <= "1011111";
    when "0111" => q <= "1110000";
    when "1000" => q <= "1111111";
```

```
        when "1001" => q <= "1111011";
        when others => q <= "0000000";
        end case;
end process;
end mix;
```

4. 硬件要求

（1）主芯片 Altera EPM240 T100C5。

（2）6 位数码管（接输出，显示路费和里程）。

（3）电源模板和晶振模块（实验板配有 50MH 晶振，12 号引脚为脉冲输出口）。

# 附录　板上资源介绍

本附录主要介绍 EPM240T100 学习板上各个功能模块的硬件电路原理、使用方法和注意事项。在部分的介绍中并没有具体给出每个芯片的操作方法和读写时序图。具体请参考资料提供的芯片资料。前面部分介绍的接口电路，具体的硬件对应在本附录最后给出。

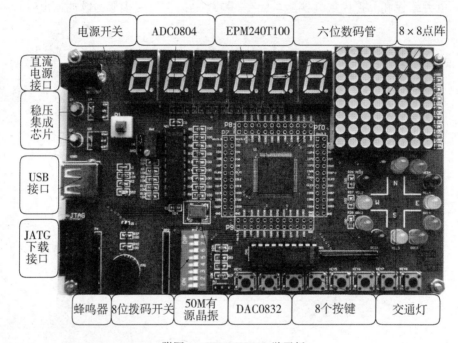

附图 1　EPM240T100 学习板

## 一、AD0804 接口电路

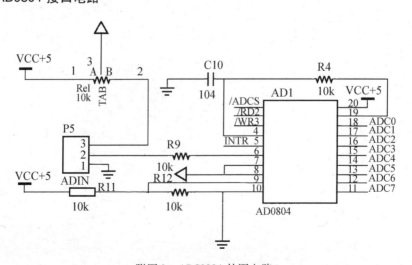

附图 2　ADC0804 外围电路

ADC0804 是比较常用的 AD 转换芯片，资料很多。外围电路也不是很复杂，P5 接口是外部输入接口，3 脚为电位器滑动端可以调节电位器来改变其电阻的值。转换控制有 CPLD 提供的时序控制，转换之后的数据通过 ADC0～ADC7 送到 CPLD 的 I/O 口上。由于 ADC0804 输出电压为 5V TTL 电压，MAXII 系列提供 I/O 设计是 3.3V，但是它可以通过串接一个电阻来平衡电压。所以，不需要电压转换芯片，为系统设计节约了成本。

## 二、DAC0832 接口电路

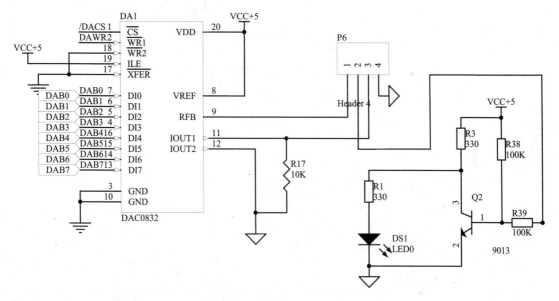

附图 3　DAC0832 外围电路

DAC0832 是比较常用的 DA 转换器，时序控制要比 AD 容易很多，这个电路控制只要使能脚 CS 置低，提供上写时钟，按照时钟写数据就可以输入相应的电流。DAC0832 为电流输出型，使用的时候要注意它的带负载能力。

## 三、显示接口

显示部分主要是数码管和 8×8 点阵接口。由于 CPLD 的 I/O 驱动能力比较强，所以可以直接驱动数码管和点阵。不过为了保护 I/O 口一般在一个回路之中串接保护电阻。

## 四、下载接口

MAX240 支持 JTAG 边界扫描测试，设计人员可以通过下载电缆把程序下载到器件运行。每个 I/O 口都可以自己配置。如果设计中不需要 JTAG 接口，则 JTAG 引脚可作 I/O 引脚来使用。并行下载电缆如附图 4 所示。下载电路经过计算机并口到 JTAG 扫描口的转换电路实现程序的下载。需要注意的是，JTAG 电路的电源需要由下载的 PCB 板来提供。并口与 JTAG 的对应关系如附表 1。下载的 ByteBlaster 接口如附图 5。下载的 ByteBlaster 管脚的定义如附表 2。

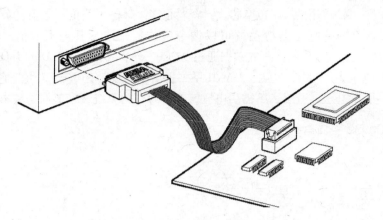

附图 4　计算机与 PCB 的下载连接示意图

**附表 1　计算机与 EPM240 的端口连接表**

| 并口 | JTAG | EPM240 |
|------|------|--------|
| 2 | TCK | 24 |
| 3 | TMS | 22 |
| 8 | TDI | 23 |
| 11 | TDO | 25 |
| 13 | NC | NC |
| 15 | GND | NC |
| 18 – 25 | GND | NC |

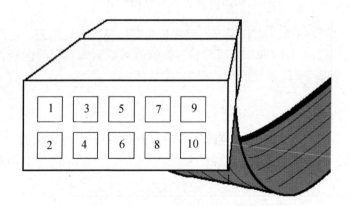

附图 5　下载的 ByteBlaster 接口图示

**附表 2　并口与 JTAG 下载线缆端口对应表**

| 接口 | JTAG | 描述 |
|------|------|------|
| 1 | TCK | 时钟信号 |
| 2、10 | GND | 信号地 |
| 3 | TDO | 数据输出 |

续附表 2

| 接口 | JTAG | 描述 |
|---|---|---|
| 4 | VCC | 电源 |
| 5 | TMS | JTAG 状态控制 |
| 6、7、8 | NC | 无连接 |
| 9 | TDI | 数据输入 |

下载电缆内部的电路图如附图6，为 ByteBlasterII 下载的结构，中间的缓冲门可以用2片 74HC244 实现，具体电路参见 ByteBlasterII 原理图。放在转换接头里面，每个电阻值均为100Ω。该电路和 EPM240 相连接以后，程序可以直接下载到芯片中。电缆的长度可以酌情而定，一般在1米左右，特殊情况可以加长（主要看下载电路设计）。

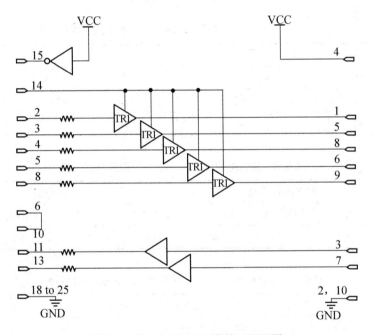

附图6　并口与 JTAG 下载接口原理图

JTAG 与 EPM240 的接口如附图7，其中每个电阻的阻值均为 1K。EPM240 内部有自己的程序存储器，所以下载程序以后可以自己保存，下次加电时可以自动运行。

## 五、EPM240 与外围电路接口

附表 3　数码管显示与 EPM240 的引脚互连关系表

| 位选 | LED0 | LED1 | LED2 | LED3 | LED4 | LED5 | | |
|---|---|---|---|---|---|---|---|---|
| I/O | 1 | 2 | 3 | 4 | 5 | 6 | | |
| 段选 | a | b | c | d | e | f | g | h |
| I/O | 91 | 92 | 95 | 96 | 97 | 98 | 99 | 100 |

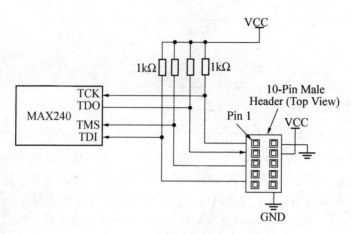

附图7 JTAG 与 EPM7128 的接口图

**附表4 8×8 点阵显示模块与 EPM240 的引脚互连关系表**

| 行选 | L0 | L1 | L2 | L3 | L4 | L5 | L6 | L7 |
|------|----|----|----|----|----|----|----|----|
| I/O | 83 | 84 | 85 | 86 | 87 | 88 | 89 | 90 |
| 列选 | B0 | B1 | B2 | B3 | B4 | B5 | B6 | B7 |
| I/O | 82 | 81 | 78 | 77 | 76 | 75 | 74 | 73 |

**附表5 彩灯电路与 EPM240 的引脚互连关系表**

| 彩灯电路 | 红黄绿信号线 | | | 组选线 | | | |
|---------|------|--------|-------|------|------|------|------|
| | RED | YELLOW | GREEN | ROW1 | ROW2 | ROW3 | ROW4 |
| I/O | 72 | 71 | 70 | 69 | 68 | 67 | 66 |

**附表6 按键和拨码开关与 EPM240 的引脚互连关系表**

| 按 键 | KEY1 | KEY2 | KEY3 | KEY4 | KEY5 | KEY6 | KEY7 | KEY8 |
|-------|------|------|------|------|------|------|------|------|
| I/O | 61 | 58 | 57 | 56 | 55 | 54 | 53 | 52 |
| 拨码开关 | S1 | S2 | S3 | S4 | S5 | S6 | S7 | S8 |
| I/O | 30 | 33 | 34 | 35 | 36 | 37 | 38 | 39 |

蜂鸣器（FM）对应 EPM240 的 I/O 管脚为 7；

系统主时钟输入引脚为（CLK0）对应 EPM240 的 I/O 管脚为 12。

硬件电路图见附图 8～附图 11。

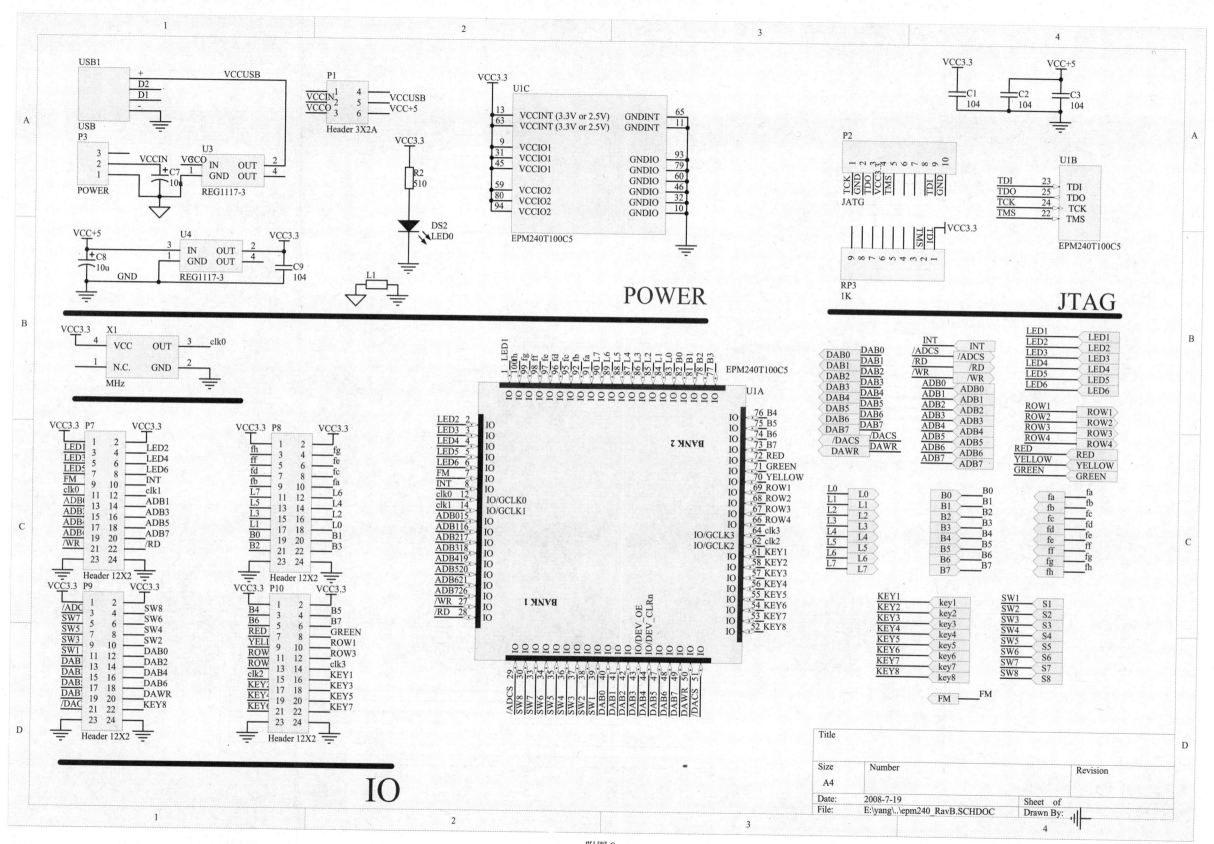

附图9

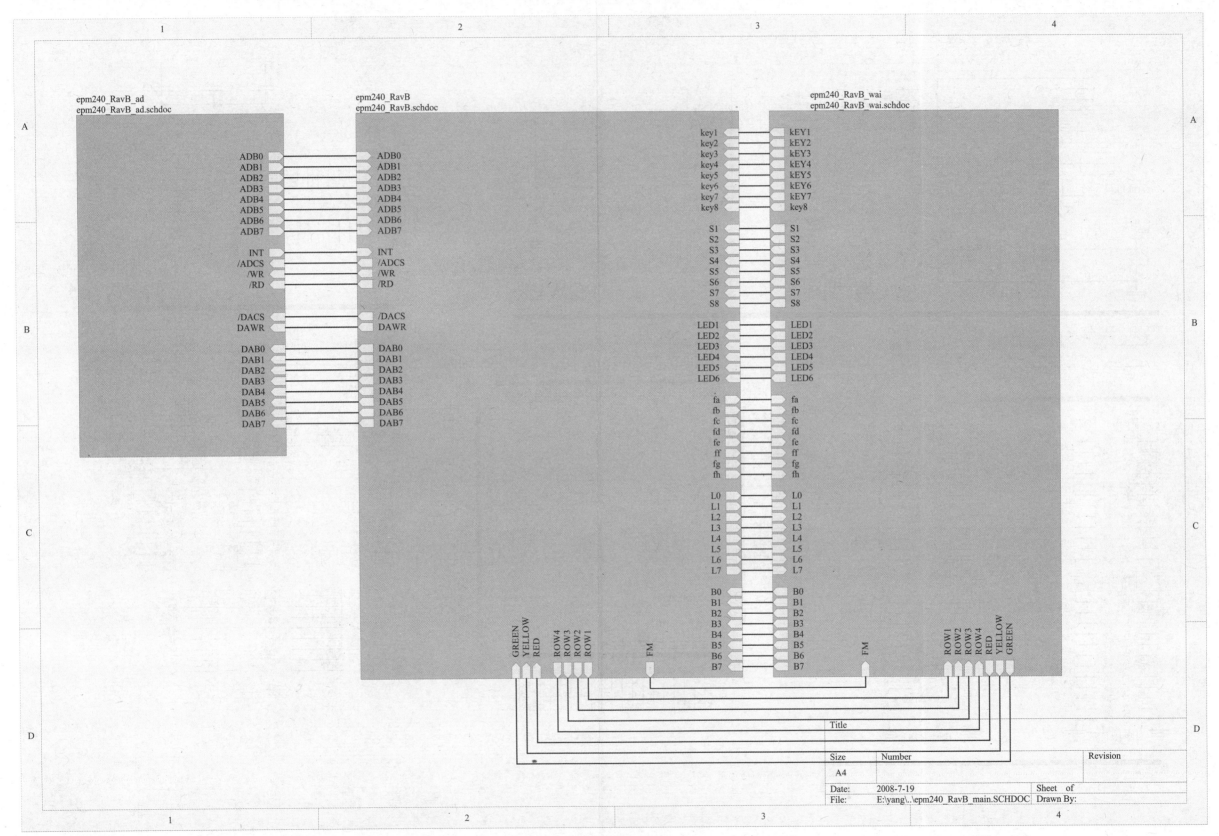

附图 8

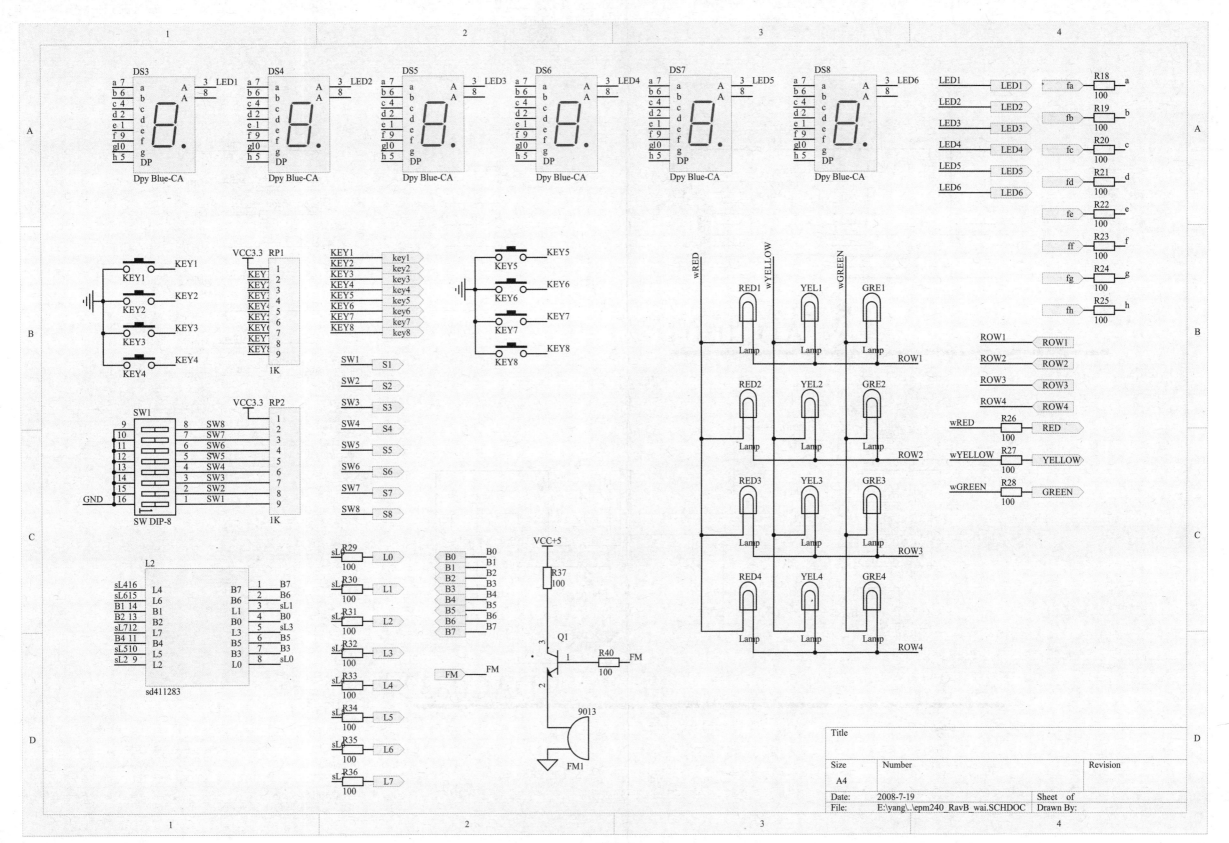

附图11

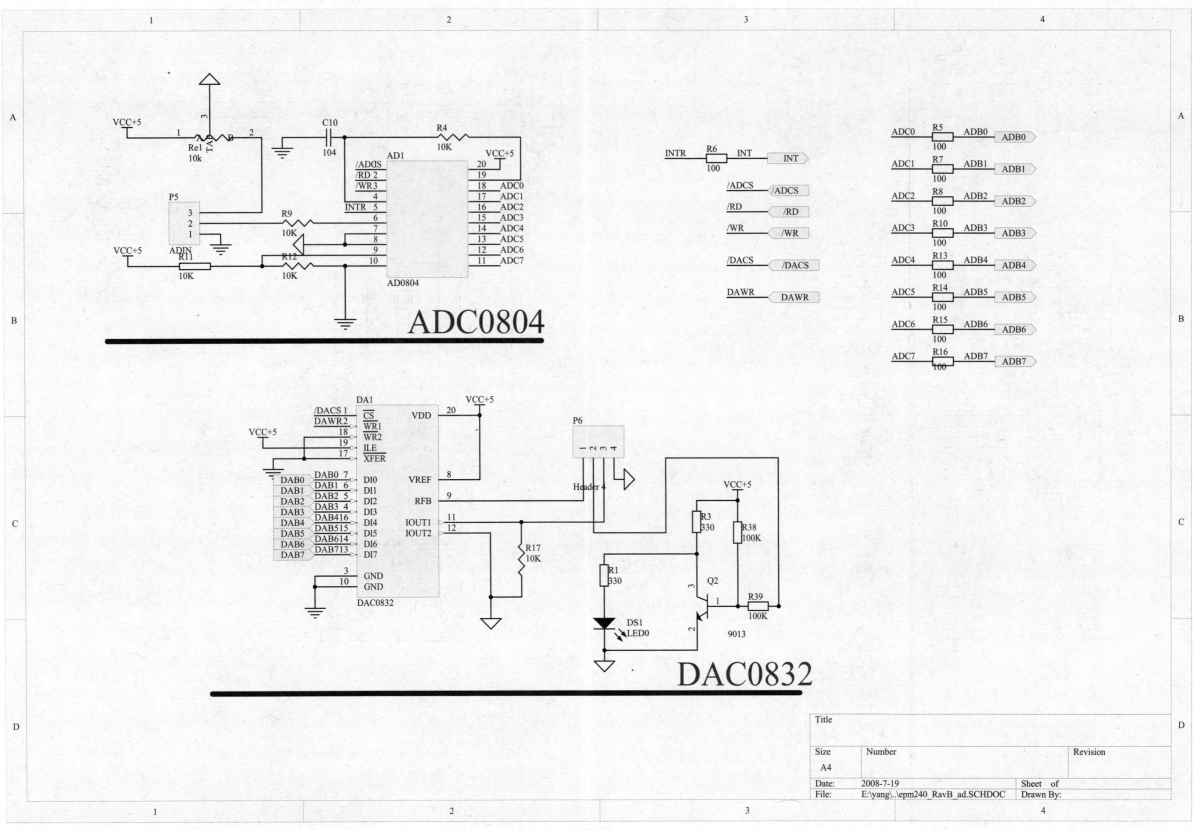

ADC0804

DAC0832

| Title | | | |
|---|---|---|---|
| Size<br>A4 | Number | | Revision |
| Date: | 2008-7-19 | | Sheet of |
| File: | E:\yang\..\epm240_RavB_ad.SCHDOC | | Drawn By: |

附图 10